イージス・アショアの争点

隠された真相を探る

荻野晃也
前田哲男
纐纈　厚
横田　一
櫻田憂子
森上雅昭

緑風出版

目次

イージス・アショアの争点

＝隠された真相を探る＝

第五章　イージス・アショアと安倍政治　横田　一・175

第六章 イージス・アショア配備計画に反対する秋田市新屋から 櫻田憂子・211

第七章　イージス・アショア配備計画に反対する萩からの報告　森上雅昭・235

第一章　イージス・アショアの配備計画と軍縮

前田哲男

まず、本章の内容をざっくりと紹介しておこう。というのも、以下に書いていく「イージス・アショア導入・配備問題」は、いくつもの側面と過程から成りたっているからだ。たとえば、発端（自民党提言二〇一七年三月）から導入承認（閣議決定 同年一二月）までの急速な動き、また、発表のたびにうなぎ上りする不可解な価格設定、など異例ずくめの経過をたどり、しかも、それが日本防衛に必要な装備、「専守防衛にふさわしいか」についての基本的な論議（国会審議）をへることもなく、いきなり官邸主導の〈天の声〉により用地指定（秋田県と山口県）が先行する、といった異常かつ不自然な経過に終始した。それとともに、なにより安倍政権の対米従属体質がふかくかかわっている点も見落とせない。このように論ずべき点が多くある。

そこで全体をつぎのように組みたてる。

①で「イージス・アショア」とはいかなる兵器なのか、その出自と来歴をたどり、②では、なぜ「新屋演習場」（秋田市）と「むつみ演習場」（萩市と阿武町にまたがる）が選定されたのかについての意図を洗いだし、③設置されると、現地でなにが起きるかの影響を〈臨床的〉に考察し、④二〇一九年にアメリカが「ＩＮＦ（中距離核戦力）全廃条約」から脱退したことにより今後生じるであろう波及的な意味を考え、最後に、⑤この計画を撤回させ白紙化するためになにが必要かを検討する。

以上の構成により、「イージス・アショア配備問題」が、私たちに突きつける全体像を提示したい。

1　秋田と山口までの道のり

はじめに　安倍政治とは

二〇一七年のある日、降って湧いたように、秋田県秋田市と山口県萩市・阿武町に突きつけられた「イージス・アショア基地設置」の報せ――東日本と西日本に弾道弾迎撃ミサイル発射場を一基ずつ設置して北朝鮮の「核・ミサイル脅威」に対処しようとするという計画――これほど「安倍政治」の地元の民意無視と対米従属姿勢をよく表わすニュースもないだろう。

そこには（米軍基地と自衛隊基地とのちがいはあるにせよ）「辺野古新基地建設」における「沖縄県民投票」（二〇一九年二月一四日　七二％が反対）の結果を無視して開始された「大浦湾への土砂投入開始」（三月二五日～）とひとしい〈民の声黙殺政治〉がそっくり映しだされている。同時に、「第二次安倍政権」発足（二〇一二年）以降、じっと機をうかがってきた「憲法改正」という最終目標（それは自衛隊の公式認知と集団的自衛権の全面解禁を意味するが）への到達意欲もこめられているのだろう。

その執念は、「第一次政権」の時代（二〇〇六～〇七年）から予告されていた。短かったとはいえ、すでにそこで「戦後レジームからの脱却」や「日本を取り戻す」などと公言しつつ、「教育基本法」改正（道徳教育復活）をおこない、あわせて「防衛庁設置法等改正」（防衛省へ昇格）、「日本国憲法の改正手続に関する法律（国民投票法）など、憲法秩序破壊の悪法制定に手を染めた。後述する「アメリカに向かう弾道ミサイルを迎撃する」自衛隊への取りくみ――私的諮問機関設置と、その報告により閣議決定で、憲法解釈を変更する――という手法も、じつはその時期に発したものであった。

第二次政権期にはいり、反憲法姿勢はいっそう加速した。内心の自由に法が介入する「共謀罪」（二〇一七年）を強行成立させ、さらには「立憲主義」の根幹といえる平和主義の原理＝憲法九条についても、従来、政府が説明してきた（そして内閣法制局の見解でも一貫してしめされてきた）「集団的自衛権は違憲であり行使できない」とする解釈を「閣議決定」という手口で破棄、変更し（一四年七月）、以後、「自国（日本）と密接な関係にある他国（アメリカ）に対する武力攻撃が発生した場合」においては、自衛隊が米軍とともに武力行使できるとする道をひらいた。その結実が「安保法制」（戦争法一五年九月強行採決）とよばれる法律群（一一法からなる）である。

安保法制を違憲とし無効化するたたかいが、いま、全国二二の裁判所における二五件の「差し止め・国家賠償訴訟」となって審理されている。安倍政権によるこれら一連の行為を、「辺野古新基地建設」とならぶ〈憲法破壊〉の極致と受けとめているからだ。イージス・アショア導入も、これら「安倍政治」が生みだした反憲法・対米従属の所産にほかならない。

立憲主義の基盤といえる憲法の平和主義（前文と九条）に反し、かつ最高裁判決や法制局解釈をねじ曲げてまで「戦争法制定・集団的自衛権容認」に踏みきったその後のなりゆきは、一八年一二月閣議決定された「防衛計画の大綱」と「中期防衛力整備計画」にもしめされた。そこでは「宇宙・サイバー・電磁波」領域への進出とならべ「インド太平洋戦略構想」という、垂直・水平両面にわたる自衛隊活動の拡大が表明され、（文字としては維持されているものの）実質的に〈脱専守防衛〉の方向が明確となった。それら反憲法政策が、安部政治もうひとつの側面――「官邸主導」というトップダウン型政治手法――によって実行されたことも特色だといえる。

本章の主題「イージス・アショア配備計画」も、その官邸主導政治がみちびきだした典型例だ。

くわえて、安部政治には〈対米追随〉というラベルも貼りついている。とりわけ、トランプ政権発足（二〇一七年一月）後の関係は「ドナルド＝シンゾウ」の蜜月関係で知られるが、（あけすけにいうと）その内実はトランプ大統領の世界戦略に追随し、あわせ「アメリカ軍産複合体ファースト」政策に「兵器爆買い」で応じるというものでしかない。米軍への隷従ぶりは、トランプの「中国包囲戦略」に自衛隊を組みこむ〈南西諸島防衛ライン構想〉という「新防衛大綱」の構図においても進行中である。

イージス・アショア問題の本質は、これら安倍政治の特異性――〈九条破壊・集団的自衛権行使〉と〈トランプ追随・兵器爆買い〉――ぬきに考えられない。トップダウン型の官邸主導政治がそれをけん引した。官邸トップが、山口県出身の安倍首相、仕切り役が秋田県出身の菅官房長官であるのも（イージス・アショア基地の用地選定にあたり）偶然とはいえないだろう。

以下、本章では「秋田と山口への道」をたどっていくが、そのまえに、そもそも「イージス・アショア」、いや、ルーツとなった「イージス戦闘システム」とよばれる兵器が、どのように誕生したのか、その過程をさかのぼってみていくことにする。

「艦隊防空」から「弾道ミサイル迎撃」への長い道のり

まずは、そもそもの話からはじめよう。Aegis＝イージスとよばれるミサイル＝飛び道具が、いつ、いかなる軍事情勢と戦略上の必要性を背景に開発され、どのような変転ののちにAegis Ashore＝イージス・アショアという「地上設置型対空ミサイル」に発展していき、それが、めぐりめぐって秋田県秋田市と山口県萩市および阿武町に行きつくこととなったのか、その歴史的経緯から跡づけていく。

そこから読みとれるのは、①戦略変化にもとづく兵器運用思想のうつりかわり、②技術進展による兵器の革新と使用領域における拡張、③日米軍事協力（安保体制）がもたらした影響（対米従属）などの要因、そして、④とりわけ「トランプ大統領出現」と安倍政権の密着ぶり（ドナルド＝シンゾウ関係）などであり、それらの合流により「秋田と萩・阿武への道のり」をつくった流れが浮かんでくる。そこで、ことの順序として「イージスの歴史」からひもといていかねばならない。

イージス誕生のみなもとは、半世紀まえの一九七〇年代にさかのぼる。「東西冷戦」といわれた米・ソ対立の時代である。

当時、日本周辺の東アジア・太平洋地域では、ソ連とアメリカが、オホーツク海～日本海～東シナ海をはさんでにらみ合っていた。アメリカから見える日本列島の地政学的位置は、「対ソ・不沈空母」の役割を果たすかっこうの要件——あたかも日本列島が極東ロシアにフタをするような地形――をそなえていた。冷戦期のアメリカにとって最大の脅威は（いまでは、東シナ海～南シナ海に場を変えて「中国海軍の脅威」として喧伝されているが）、ソ連太平洋艦隊が開かれた太平洋に進出して米第七艦隊の海上支配権をおびやかすことの阻止にあった。だから、そのころの「日米安保協力」における自衛隊の役割は「三海峡（対馬・津軽・宗谷）封鎖」に置かれていた。南北に伸びる日本列島を「防御の盾」にしてソ連艦隊を封じこめるのが自衛隊の役割であった。

〈ソ連の脅威〉は、一九六七年の第三次中東戦争において、エジプト海軍哨戒艇から発射された一発のソ連製艦対艦ミサイルによりイスラエル駆逐艦が撃沈された事件を引き金に、米海軍当事者にとてつもない衝撃をあたえた。小さな哨戒ボートが駆逐艦を沈没させることなど、それまでの海軍の常識ではありえない事態だったからだ。もし〈浮かぶ航空基地〉ともいえる空母が、ソ連海軍の対艦ミサイルに標的とされたなら……。

一九七〇年三月号の米専門誌「ネイビー・マガジン」につぎのような記事が掲載された（海上自衛隊部内誌「海幕調査月報」一九七〇年八月号に掲載）。

「イスラエルの駆逐艦エイラートが地中海で、エジプトの哨戒艇から発射されたソ連製スティックス・ミサイルの猛攻を受けて沈没してから二六か月経った今日になって、米海軍は、敵の艦対艦巡航ミサイルを撃ち落とすことを主目的とした最初の水上艦搭載用兵器の契約を締結した。この兵器はＡＥＧＩＳ（ギリシャ語で「盾」の意味）と呼ばれ、機動部隊に防御能力を与える」

これがイージス戦闘システムのデビューをつたえる最初の記事である。空母を守る〈盾〉の役目をになって登場した。やがて、その名は日本でも知られるようになる。防衛学会編『国防用語

辞典』（一九八〇年刊）のAegisの項には、

「アメリカ海軍が一九八〇年代に就役させる計画の新型艦対空ミサイル・システム。このミサイル・システムの主要構成は、電子的に走査する固定式アンテナの追尾レーダー、ミサイル・ランチャー、ミサイル誘導装置等から成り、目標を探知すると、脅威の評価、攻撃武器の選定、ミサイルの発射などがコンピューターによって処理され、特に、多目標同時対処、即応性に優れている」

と、紹介されている。そのような時代背景のなかからイージス・システムの開発がはじまったのである。

東西冷戦終結とイージスの役割転換

一九九一年、ソ連が解体したとき、アメリカの原子力空母艦隊は、周辺をイージス戦闘システムで武装した8～10隻の巡洋艦、駆逐艦により護衛されていた。広い飛行甲板をさらけ出し、かっこうの巨大攻撃目標となる空母は、もともと防御力のぜい弱性というアキレス腱をもっている。多次元からの同時攻撃――潜水艦による水面下、水上艦、航空機からの攻撃、さらに地対艦ミサイルによる攻撃――に遭うとひとたまりもない。空母は、周囲を護衛艦隊で堅固に防衛されていてのみ〈浮かぶ航空基地〉として威力を発揮できるのだ。その（ボディーガード役をになう）巡洋艦・駆逐艦搭載用に開発された最新鋭の艦隊防空システムが「イージス戦闘システム」だった。巡洋艦では一九八四年就役した「タイコンデロガ」、駆逐艦は一九八八年就役の「アーレイ・バーク」が最初のイージス艦となった。

四面に張りめぐらせた八角形の多機能レーダー（初期型で、アンテナ一面につき4350個のレーダー・アンテナ素子が配置され、最大探知距離324キロ以上、200個以上の目標を同時追尾可能と評価された）、レーダー情報を高速処理する、人間の判断力よりすばやい指揮決定システム（大容量コンピュータ）、最適武器を選定・提示する射撃管制システム、そして甲板前後部に配置された二基のVLS（垂直発射装置）から連続発射される対潜・対艦・対空ミサイル……。イージス艦は、これらを標準装備して空母機動艦隊に配備された（こんにちまでの巡洋艦と駆逐艦の建造隻数は七〇隻以上にもなる）。

しかし、アーレイ・バーク級ミサイル駆逐艦の就役から三年後、冷戦が終結した。ソ連太平洋艦隊は事実上解体の憂き目にあい、イージス戦闘システムで武装した空母艦隊も、洋上で威力を誇示する目標をうしなった。戦略環境の変化にともない、イージス艦には独立した対空攻撃任務やトマホーク巡航ミサイルによる対地攻撃など、さまざまな任務が付与された。同時期に、同盟国への売却（それにより巨額の開発費が回収できる）も開始された。また、艦載型イージス・システムを地上設置型（イージス・アショア）に転換させ、弾道ミサイル迎撃にもちいる案が検討されるようになったのも東西冷戦終結後のことである。

この時期にイージス艦が引きおこしたふたつの事件をみておこう。そこから〈攻撃兵器としてのイージス〉の本質がみてとれる。

一九八八年七月三日（そのころは「イラン・イラク戦争」のさなかだった）、タイコンデロガ級巡洋艦の三番艦「ヴィンセンス」が、ホルムズ海峡において哨戒中（イラン領海に侵入したばかりか）、イランからドバイに向け飛行していたイラン航空655便のエアバスA300に向けてSM-2艦対空ミサイルを2発誤射、撃墜する事件を引きおこしたのである。（すべて民間人の）乗員乗客二九〇名全員が死亡した。艦長のウィリアム・C・ロジャーズ大佐は、エアバスをイラン空軍のF-14戦闘機と誤認、イージス・システムを操作・発動させたのである。自動化されたイージス・システムは（たとえ目標が民間機であっても）忠実に作動し、正確無比な誤爆で民間機撃墜をやってのけたのだった。目標探知・兵器選択・ミサイル発射が自動システムにより実行されるかぎり、このような事態はつねに——現在の米・イラン関係のなかでも——起こりうると想定しておかなければならない。

いまひとつの事件、（これはトランプ大統領就任後だが）アメリカ海軍がシリアのシャイラト空軍基地に向け艦隊地トマホーク巡航ミサイルを59発発射した事例である（二〇一七年四月七日）。攻撃はミサイル駆逐艦「ロス」と「ポーター」により東地中海の洋上から実行された。シリアが化学兵器を貯蔵しているとする理由による報復攻撃だった（シリア政府はその事実を否定し、攻撃により死者が十数人出たと発表した）。闇をつらぬいて連続発射されるトマホーク巡航ミサイルの映像が公開され、米側はその威力を誇示した。これもイージス・システムの攻撃力をしめしたケースである。

この二事例は、イージス戦闘システムが——むろん弾道弾迎撃にも使えるが——なにより攻撃兵器であることの特徴をしめしている。日本に導入予定のイージス・アショアも、もっぱら「弾道ミサイル迎撃」の側面からのみ論じられているが、元を正すまでもなく強力な攻撃兵器なのである（この点はあとでまた触れる）。

このように、冷戦後のイージス・システムは、開発時の目的であった艦隊防空＝空母護衛任務からはなれて独立した対空攻撃、対地攻撃へと向かい、また同盟国への売却と（地上設置型もふくめ）弾道ミサイル迎撃という新目標へと移行していくのである。そこから日本との関係も生じてくることになる。

海上自衛隊のイージス艦保有

本論の主題である「秋田と山口のイージス・アショア設置問題」に行きつくまえに、もうひとつ調べておかなければならない歴史がある。「海上自衛隊のイージス艦保有」という側面だ。この点もさまざまな分析の対象となりうるが、ここでは海上に八隻ものイージス艦を浮かべておきながら、そのうえなぜ地上配備型まで必要だと言い張るのか――ひとつの解答は「トランプの圧力」としてすでに出ているが――その理由に限定して探索しておこう。

海自保有の護衛艦（各国海軍の巡洋艦、駆逐艦に相当する自衛隊独自の呼び名）は、DD（汎用）、DH（ヘリ搭載型、外見は空母）、DDG（ミサイル搭載型）、DE（哨戒型）に区分される。

DDGのうち「こんごう」型（基準排水量七二五〇トン）四隻、「あたご」型（同七七五〇トン）二隻、そして建造中の「まや」型（同八二〇〇トン）二隻がイージス・システム搭載艦とよばれる。「まや」は二〇年春就役、同型艦「はぐろ」も二一年春に自衛艦隊にくわわり「イージス護衛艦八隻態勢」が完成目前の状況にある。

ということは、現有でも六隻、一～二年後八隻の勢力になる計算となる。北朝鮮の弾道ミサイル迎撃が任務ならば、常時二隻以上のイージス護衛艦を（弾道ミサイル迎撃のため）日本海海上に展開させておくのはむずかしいことではない。わざわざ地上発射型イージス基地をつくらなくとも十分な能力がある。そのような弾道ミサイル迎撃能力を有しながら、なぜ「地上設置型」まで？　という疑問が出るのは当然だろう。

ここで海上自衛隊におけるイージス艦の建造過程を簡単にふりかえっておく。

一九八〇年代の日米防衛協力――〈ソ連の脅威〉に自衛隊・米海空軍が共同して対処する――のありかたは、七〇年代の「三海峡封鎖」から「シーレーン一〇〇〇海里防衛」「洋上防空」段階へと拡大していた。それを積極的に推進したのが（元海軍士官だった）中曽根康弘首相である。海上自衛隊の制服組は、かねてからシーレーン防衛の中核となる戦闘艦に高性能対空ミサイルを装備した最新鋭護衛艦の導入を要望していた。望みが容れられ、タイコンデロガ級をモデルとした日本初のイージス搭載護衛艦「こんごう」が就役したのは一九九三年である（89年度艦）。

「こんごう」の前部と後部甲板には、マス形に仕切られたＶＬＳ（垂直発射装置）が設置してあり、後部８×８、前部８×４、合計９６の発射筒（セルという）が垂直に収納されている。「こんごう」はシーレーン防衛（米空母艦隊の防護）を主目的としていたので、ＶＬＳに装てんされるミサイルは対空用SM-2と対潜用アスロック爆雷が主であった（このように目的により兵器を選択できる）。艦橋構造物の四囲に八角形のパネルで覆われた高性能レーダー「SPY1-D」が貼りめぐらされ、（それまでの回転型レーダーとちがって）間断なく目標の自動探知・識別・追尾・ミサイルの誘導を受けもつ。つづいて建造された「あたご」「まや」型も96セルのVLSをそなえており、（単純に計算すると）八艦で768発の対空・対艦・対潜ミサイル発射能力がある。

こんごう型は九八年までに四隻、自衛艦隊に配属された。船体は三菱長崎造船所で建造されたが（船体価格約四〇〇億円）、それより巨額なイージス・システム一式五億二六〇〇万ドル分は——米側が技術流出をおそれ国産やライセンス生産に不同意だったので——ブラックボックス化されたシステムを丸ごと購入（維持・修理も米側の担当）という方式がとられた（以後も変わらない）。

このようにして開始された海上自衛隊のイージス艦整備計画が、いま、八隻態勢をととのえつつあり、四基地（横須賀・舞鶴・呉・佐世保）にイージスDDG各二隻を配備できる段階にいたったのである。「北朝鮮の核・ミサイル脅威」が浮上した九〇年代後半から、佐世保、舞鶴配備のイージス艦を中心に日本海での弾道ミサイル哨戒活動がはじまった（いまも継続中）。

そのころ防衛省は、日本に向け発射された北朝鮮の弾道ミサイルにたいし、まず中間高高度段階（大気圏内再突入）ではイージス艦が対処、終末局面（再突入から着弾期）において航空自衛隊のパトリオットミサイルPAC-3が対応する二段構えをとっており「万全の構え」だと説明していた（防衛白書などの説明）。

であるなら、そのうえ、なにゆえ地上発射型イージス・アショアまで導入する必要があるのか？

「安保法制」制定がもたらした環境変化

イージス護衛艦整備からイージス・アショア導入へと発展していく過程で見おとせないのが、二〇一五年の「戦争法＝安保法制」制定という画期である。それにより自衛権の発動要件――もしイージス・アショア基地が完成した場合の防護対象――が、「日本国土」から「米国防衛」をふくむものへと拡張された。そこにいたる転機をつくったのが、第一次安倍政権（二〇〇七年）のもとに設置された「安全保障の法的基盤の再構築に関する懇談会」（ふつう、座長をつとめた柳井俊二・元駐米大使の名をとって「柳井懇談会」という）の報告だった。

改憲と集団的自衛権の行使容認に意欲をもやす安倍首相は、突破口として「柳井懇談会」に四つの命題をあたえた。現行憲法下において、つぎの四類型は違憲か、可能か？

①公海上で米軍艦船が攻撃された場合、自衛隊が応戦することは可か？

②ＰＫＯ派遣時、他国軍隊への攻撃に自衛隊部隊が応戦（「駆けつけ警護」）できるか？

③攻撃準備中の米軍部隊に武器輸送・燃料給油など後方支援活動は許容されるか？

そして、④が「米国へ向けられた弾道ミサイルを日本領域内から迎撃することの可否」であった。

柳井懇談会の報告（〇八年六月二四日）は、「いずれも現行憲法のもとで可能」とした。④について報告は以下のようにのべる。

「米国に向かうかもしれない弾道ミサイルの迎撃については、従来の自衛権概念や国内手続を前提としていては十分に実効的な対応ができない。ミサイル防衛システムは、従来以上に日米間の緊密な連携関係を前提として成り立っており、そこから我が国の防衛だけを切り取ることは、事実上不可能である。米国に向かう弾道ミサイルを我が国が撃ち落とす能力を有するにもかかわらず撃ち落とさないことは、我が国の安全保障の基盤たる日米同盟を根幹から揺るがすことになるので、絶対に避けなければならない」

こう自衛隊と米軍の〈一体関係〉の現実を指摘したうえで、

「よって、この場合も集団的自衛権の行使によらざるを得ない。また、この場合の集団的自衛権の行使による弾道ミサイル防衛は、基本的に公海又はそれより我が国に近い方で行われるので、積極的に外国の領域で武力を行使することとは自ずから異なる」

と結論づけた。つまり、米国に向かう弾道ミサイルの迎撃を「集団的自衛権の行使にあたる」とみとめつつ、他方、それが「日米同盟」のため必要不可欠であり、また、日米のミサイル防衛システムは一体化を前提に運用されており、かつ、ミサイル迎撃は「積極的な武力の行使」にはあたらない、よって合憲、と報告したのである。

柳井報告を下敷きに、安倍政権は、一四年七月一日、それまでの「自衛権行使の三要件」にかわる「武力行使の三要件」という新解釈を閣議決定した。そして、従来「自衛権行使」の第一要件にあげられていた「我が国に対する急迫不正の侵害があることという部分を、

「我が国に対する武力攻撃が発生したこと、又は我が国と密接な関係にある他国に対する武力攻撃が発生し、これにより我が国の存立が脅かされ、国民の生命、自由及び幸福追求の権利が根底から覆される明白な危険があること」

と変更したのである。「我が国と密接な関係にある他国」がアメリカを指すのはいうまでもない。その「新三要件」をもとに、一五年九月、「改正自衛隊法」「存立危機事態法」をはじめとする「安保法制」一一法が制定されたのである。このように、〇八年の「柳井懇談会報告」~一四年「新三要件決定」~一五年制定された「安保法制」という道のり――私的諮問機関報告と閣議決定による手法――をへて、「秋田と山口へのイージス・アショア配備」の道のりは準備されたのだった。

以後、視点を現地に移す。

2 イージス・アショア導入:二〇一七年に起きたこと

突然のイージス・アショア計画

青天の霹靂《へきれき》ということばがある。「突然に起こる変動、または急に生じた大事件」と広辞苑にある。秋田市民と萩市民、阿武町民にとって、これほどぴったりする表現もないだろう。思いも寄らない通報が、ある日、突然に降ってきたのである。かさねていえば「寝耳に水」でもあった。

防衛省がイージス・アショアのような大型装備(したがって巨額の予算となる)を導入する場合

——通例の政策決定過程に照らすと——あらかじめ「防衛計画の大綱」（おおむね一〇年間をめどに策定される長期の防衛方針）、および「中期防衛力整備計画」（うち五か年にわたる兵器装備購入計画）に盛りこみ国会と国民に知らされる。「大綱」「中期防」は国家安全保障会議と閣議で決定されるが、そこにしめされた長期方針は国会でまず論議され、真に必要な装備か、また専守防衛の見地から自衛隊装備に適合するかなどについて質疑がなされる。海自・イージス艦導入にあたっても「大綱」「中期防」記載の手続きは踏まれてきた。

ところが、「平成二六年度以降に係る防衛計画の大綱」（二〇一三年一二月閣議決定）および「中期防衛力整備計画」（平成二六年度〜平成三〇年度同日決定）のどちらにも、イージス・アショアという固有名詞はもちろん、新迎撃システムについての記載はいっさいない。

「大綱」Ⅳ　防衛力の在り方の「弾道ミサイル攻撃への対応」には、
「弾道ミサイル発射に関する兆候を早期に察知し、多層的な防護態勢により、機動的かつ持続的に対応する。万が一被害が発生した場合には、これを局限する。また、弾道ミサイル攻撃に併せ、同時並行的にゲリラ、特殊部隊による攻撃が発生した場合には、原子力発電所等の重要施設の防護並びに侵入した部隊の捜索及び撃破を行う」

とあるだけだ。

「中期防」にしても同様で、「Ⅲ　自衛隊の能力等に関する主要事業」には、
「北朝鮮の弾道ミサイル能力の向上を踏まえ、我が国の弾道ミサイルの対処能力の総合的な向

上を図る」としながらも、つづく文章は、

「弾道ミサイル攻撃に対し、我が国全体を多層的かつ持続的に防護する体制の強化に向け、イージス・システム搭載護衛艦（DDG）を整備するとともに、引き続き、現有のイージス・システム搭載護衛艦（DDG）の能力向上を行う。また、巡航ミサイルや航空機への対処と弾道ミサイル防衛の双方に対応可能な新たな能力向上型迎撃ミサイル（PAC3・MSE）を搭載するため、地対空誘導弾ペトリオットのさらなる能力向上を図る」

と、「イージス艦8隻態勢」への展望があるだけだ。そのあとに、

「弾道ミサイル防衛用の新たな装備品も含め、将来の弾道ミサイル防衛システム全体の在り方についての検討を行う」

と記述されてはいるが、たんに将来の検討事項をのべているだけで、具体的にイージス・アショアの名をあげているわけではない。つまり、両文書が閣議決定された一三年一二月の段階では、イージス・アショア導入など政府・防衛当局の念頭になかったことがわかる。第二期安倍政権は一二年一二月に発足しており、十分な検討時間がなかったなどという理由は考えられない。では、なぜ二〇一七年に既定方針をくつがえす逆転劇が起こったのか?

「あれよあれよ」の導入劇

秋田県「新屋演習場」と山口県「むつみ演習場」へと絞りこまれていく「イージス・アショア導入」にまつわる動きを時系列にまとめると、以下のようになる。

・3月30日　自民党政務調査会、「弾道ミサイル防衛の迅速かつ抜本的な強化に関する提言」
・8月17日　日米安全保障協議委員会（2＋2）開催。日本、イージス・アショア導入を要請
・8月30日　一八年度防衛予算・概算要求に計上
・11月5日　トランプ大統領訪日「導入を歓迎」
・11月　配備先に秋田市と萩市が浮上（正式伝達はなし）
・12月19日　閣議決定
・12月22日　平成三〇年度予算案に計上

順を追ってみていこう。「提言」から「予算要求」まで、九か月弱しかかかっていない。異常な速さだ。ただし、二〇一七年という年は北朝鮮による弾道ミサイル発射と核実験が相ついでいた時期だったので、自民党内タカ派が神経をとがらせていた事情とかさなったこともたしかだ。「敵基地攻撃論」さえとびかっていた。そのような情勢下、自民党政調会による「弾道ミサイル防衛の迅速かつ抜本的な強化に関する提言」がなされたのである。

「提言」は北朝鮮軍事力の深刻な脅威をかずかず列挙したのち、その対応策として、①「弾道ミサイル防衛能力強化のための新規アセットの導入」、②「わが国独自の敵基地反撃能力の保有」、③「排他的経済水域に飛来する弾道ミサイルへの対処」をあげる。①の主要部分は以下のようなものだ。

「イージス・アショア（陸上配備型イージス・システム）やTHAAD（終末段階高高度地域防衛）の導入の可否について成案を得るべく政府は直ちに検討を開始し、常時即応体制の確立や、ロフテッド軌道の弾道ミサイル及び同時多数発射による飽和攻撃等からわが国全域を防衛するに足る十分な数量を検討し、早急に予算措置を講ずること。あわせて、現大綱、中期防に基づく能力向上型迎撃ミサイルの配備（PAC－3MSE：平成三二年度配備予定、SM－3ブロックⅡA：平成三三年度配備予定、イージス艦の増勢（平成三二年度完了予定）の着実な進捗、事業の充実、さらなる前倒しを検討すること」

そのうえで、②「わが国独自の敵基地反撃能力の保有」において、

「北朝鮮の脅威が新たな段階に突入した今、日米同盟全体の装備体系を駆使した総合力で対処するとともに、日米同盟の抑止力・対処力の一層の向上を図るため、巡航ミサイルをはじめ、わが国としての『敵基地反撃能力』を保有すべく、政府において直ちに検討を開始すること」

と提言されていた。

ここに初めて「イージス・アショア」が、「陸上配備型イージス・システム」という名で――翌年、在韓米軍に配備されたTHAADとともに――登場した。

これが発火点となった。「提言」取りまとめ役は、ワーキングチームの小野寺五典座長である。その提言者が、一七年八月、第三次安倍内閣の防衛大臣に任命された。提案役から執行する側に回ったかたちになる。同月、小野寺防衛相は、ワシントンで開催された日米外務・防衛担当閣僚による「日米安全保障協議委員会」（二＋二）に出席、ジェームス・マティス国防長官との防衛相

会談で「イージス・アショア新規導入」を要請した。自衛隊準機関紙『朝雲』(一七年八月三一日付)によると、

「マティス長官との防衛相会談に臨んだ小野寺大臣は、日本の弾道ミサイル防衛(BMD)を強化するため、陸上配備型イージスシステム『イージス・アショア』の新規導入にむけた協力を米側に要請、マティス長官は日本への導入を歓迎し、協力する意向を示した。」

とされる。これにより「自民党提言」は「日米間の国際約束」に格上げされることとなった。小野寺防衛相が独断でこのような申し出をすることはありえないので、裏面に安倍首相の承認があったのは瞭然である。同時点での価格は一基八〇〇億円といわれていた。一二月一九日、政府は「イージス・アショア二基導入」を閣議決定、追認した。「大綱」「中期防」に記載されていない「新装備の導入」となるため、形式を整える必要があったからだ。しかし、この段階でも、地元への正式伝達はなされていない。

トランプ政権発足と大統領の訪日

安倍政権が「大綱」「中期防」に未記載のイージス・アショア導入に踏みきった決定的要因に、トランプ米大統領就任(一七年一月)、およびかれが打ちだした「アメリカ・ファースト」「バイ・アメリカ製兵器」などの政策が影響していることはまちがいない。大統領は三月一日の米議会初演説でこうのべている。

「同盟国は財政的な義務を果たさなければならない。NATO、中東、あるいは(日本など)太

平洋地域であれ、われわれは同盟国に、戦略、軍事両面で直接的かつ有効な役割を果たし、公平に費用を負担するよう期待する。そうしなければならない」

トランプは選挙期間中から「日米安保不要論」を主張し、就任後は在日米軍基地経費負担について「全額（日本負担）＋50％（拠出）」とまで言い立てた。その大統領が、「2＋2合意」から三か月後の一一月、日本にやってきたのである。共同記者会見で〈トランプのトランペット〉が鳴りひびき、かたわらに立った〈トランプのペット〉たる安倍首相が、〈もうひとつのトランペット〉となって伴奏した。

トランプ大統領――

「（安倍）首相はさまざまな防衛装備を米国から購入することになるでしょう。そうすれば、上空でミサイルを撃ち落とすことができるようになると思います。だれにもダメージを与えることなく、迅速にミサイルを撃ち落とすことができます。ですから、日本が大量の防衛装備を買うことが好ましいと思っています。そうすべきです」

これに応じて安倍首相――

「日本は防衛装備品の多くを米国から購入しています。北朝鮮情勢が厳しくなる中、われわれは日本の防衛力を質的に、量的に拡大していかなければならないと考えています。大統領が言及されたように、F35A戦闘機もそうですし、SM3ブロックⅡAも米国からさらに購入することになっています。イージス艦の量、質を拡大していく上で、米国からさらに購入していくことになると思っています」

ＳＭ３ブロックⅡＡはイージス・アショアの「砲弾」にあたるものだから、この発言が事実上の「受け入れ表明」となった。同様のやりとりは、安倍首相のたびかさなる訪米やトランプ大統領再訪日（一九年六月）のさいにもかわされたが、一七年一一月の「トランプ砲」がイージス導入の決め手となったことに疑問の余地はない。じっさい、翌一二月に政府は閣議決定をもって「イージス・アショア二基導入」にいたるのである。

＜うなぎ上り＞する価格

イージス・アショア整備に要する経費を正確に算定するのはむずかしい。ひとつには、ミサイル発射機（ＶＬＳ）の価格にくわえ、弾頭価格、施設整備費、電力・燃料費、教育・維持・修理費などが別個に計算されるのと、防衛省のバラバラ計上方式と、「防衛秘密」を理由とする隠ぺい体質によって全体価格をみえにくくしているためだ。

それでも、日米間で導入の合意がなされた一七年一一月段階で、小野寺防衛相は国会答弁で「発射機の本体価格は一基八〇〇億円」とのべていた。それが一七年一二月の閣議決定時点になると、防衛省は「一基一〇〇〇億円」と上方修正した。

さらに一八年七月、小野寺防衛相は一基一三四〇億円と再修正した。二基分では二六八〇億円となる。レーダーシステムをロッキード・マーチン社製の最新型ＬＭＳＳＲに変更したため、と説明された。ＬＭＳＳＲは開発中なので価格はさらに上昇すると覚悟しておかなければならない（米政府は一九年一月、米議会に二一億五〇〇〇万ドル＝二三五〇億円で売却と通知したが、これにはレーダーシステムの価格はふくまれていない）。

ちなみに、一九年六月、萩市と阿武町でおこなわれた地元説明会（私も聞いていた）で防衛当局は、二基を三〇年間維持するために「現時点で判明している」経費として四三八九億円という数字をあげた。しかし全体価格がこれで収まるとはとても思えない。それほど米政府とメーカーまかせの変転きわまりない価格上昇がつづいたからであり、また、政府のあげる数字は部分ごとに〈サラミ・スライス〉した輪切りの数字でしかないからだ。たとえば、弾頭価格が除外されている。ブラックボックス化された維持・修理・部品交換にかかる経費も公開されない。それらをふくめると、現段階でも最低一兆円はかかると予測される。

例として、イージス・アショアの「弾頭」（砲弾にあたる）をとってみよう。一八年一月、売却総額は約一億三三〇〇万ドル（約一五〇億円）と米側は発表した。米国務省声明によると、「日本のミサイル防衛能力の向上に寄与する」と説明され、売却が承認されたのはミサイル四発と発射機四機で、配備のための技術的支援なども含まれるという（だが、この額から弾頭のみの価格は算定できない）。

一九年四月、米国務省は九日、イージス艦に搭載する迎撃ミサイル「SM3ブロックIB」五六発の日本への売却を承認し米議会に通知した。関連費用も含め総額は約一一億五〇〇〇万ドル（約一二八〇億円）と見積もっている。おおよそ一発あたり二二億八〇〇〇万円になる。国務省は声明で「日本の本土と駐留米軍を守る弾道ミサイル防衛の能力を高めることになる」とも表明した。

ただしSM3ブロックIBは、海自イージス艦向けの在来型であり、日本が導入するイージス・アショアの弾頭には開発中のSM3ブロックⅡAがつく。そうすると価格はさらに高騰する——一発四〇～五〇億円になるだろう——のは確実だ。さらに、ふたつの基地建設に要する経費や要員教育費もこれに上積みされる。

設置されると何が起きるか

ここでようやく「秋田と山口」現地にたどりついた。なぜ「秋田＝新屋演習場」と「山口＝むつみ演習場」なのか？　政府がかたくにこだわる理由を「二つの従属・四つの脅威」という観点から検討していこう。「四つの脅威」で「地元にどんなことが起きるか」を考える。

「二つの従属」とは、①イージス・アショア導入が、じつは米軍の一大拠点であるグアムとハワイを防衛する「アメリカの前方防衛」であること、そして②（すでにみてきたので省略するが）巨額兵器を購入しトランプ大統領の「アメリカ・ファースト」政策に協賛する意味においてだ。

①の根拠は、秋田大学工学資源学部の福留高明・元准教授や、米「憂慮する科学者同盟（UCS）」のデイビッド・ライト研究員らによって指摘されているものである（図1参照）。

福留氏は、北朝鮮の長距離弾道ミサイル「テポドン」の発射基地があるとされる北朝鮮ムスダンリと秋田・山口、さらにグアム、ハワイの位置関係を「正射方位図法」の地図によって分析した。すると、ミサイルの飛翔する大円軌道（最短コース）がしめされ、その終着点に位置するハワイとの中間地点に「新屋演習場」が、グアムの場合だと「むつみ演習場」があると図示される。「新屋」と「むつみ」は、ムスダンリ～ハワイ、およびグアムを結ぶ最短距離（大円軌道）の直下に位置しているのである。つまり、ハワイとグアムに向けられた弾道ミサイルを〈真下から迎撃〉するには、秋田市と萩市・阿武町が最適地点と割りだされる。

ライト研究員は、「ブロックⅠシリーズではミサイルをブースト（上昇・加速）段階のうちに迎撃することはできないが、（新型の）ブロックⅡAを日本から発射すれば迎撃が可能になる」と福留説を裏づける。この算定は北朝鮮からの対米攻撃を想定したものだが、ソ連極東部や中国東北地方から発射されたケースにも妥当するだろう。

また、アメリカのシンクタンクCSIS（戦略国際問題研究所）に一八年五月掲載された論文は、「太平洋の盾：巨大な『イージス駆逐艦』としての日本」という表題で――

「日本に二箇所のイージス・アショア拠点が実現すれば、太平洋地域のミサイル防衛能力を増強する重要な第一歩となるだろう。そして、その潜在的可能性は計り知れない」とのべ、

「今回、秋田・萩に配備されるイージス・アショアのレーダーは、米国本土を脅かすミサイルをはるか前方で追跡できる力をもっており、それによって、米国の国土防衛に必要な高額の太平洋レーダーを建設するためのコストを軽減してくれる。このことは日米同盟を強化するだけでなく、そのレーダーを共有することでおそらく一〇億ドル（約一一〇〇億円）の大幅な節約が実現できる」と評価し、「日本列島が太平洋の盾になる」

と論じている。これらから「太平洋地域のミサイル防衛能力増強」が、ハワイ。グアムを念頭に置いているだろうことは容易に読みとれる。

こうした見方を防衛当局はもちろん否定するだろう。しかし、イージス・アショア配備がトラ

図1　北朝鮮ミサイル基地―萩・秋田―ハワイ／グァム米軍基地の地理的位置

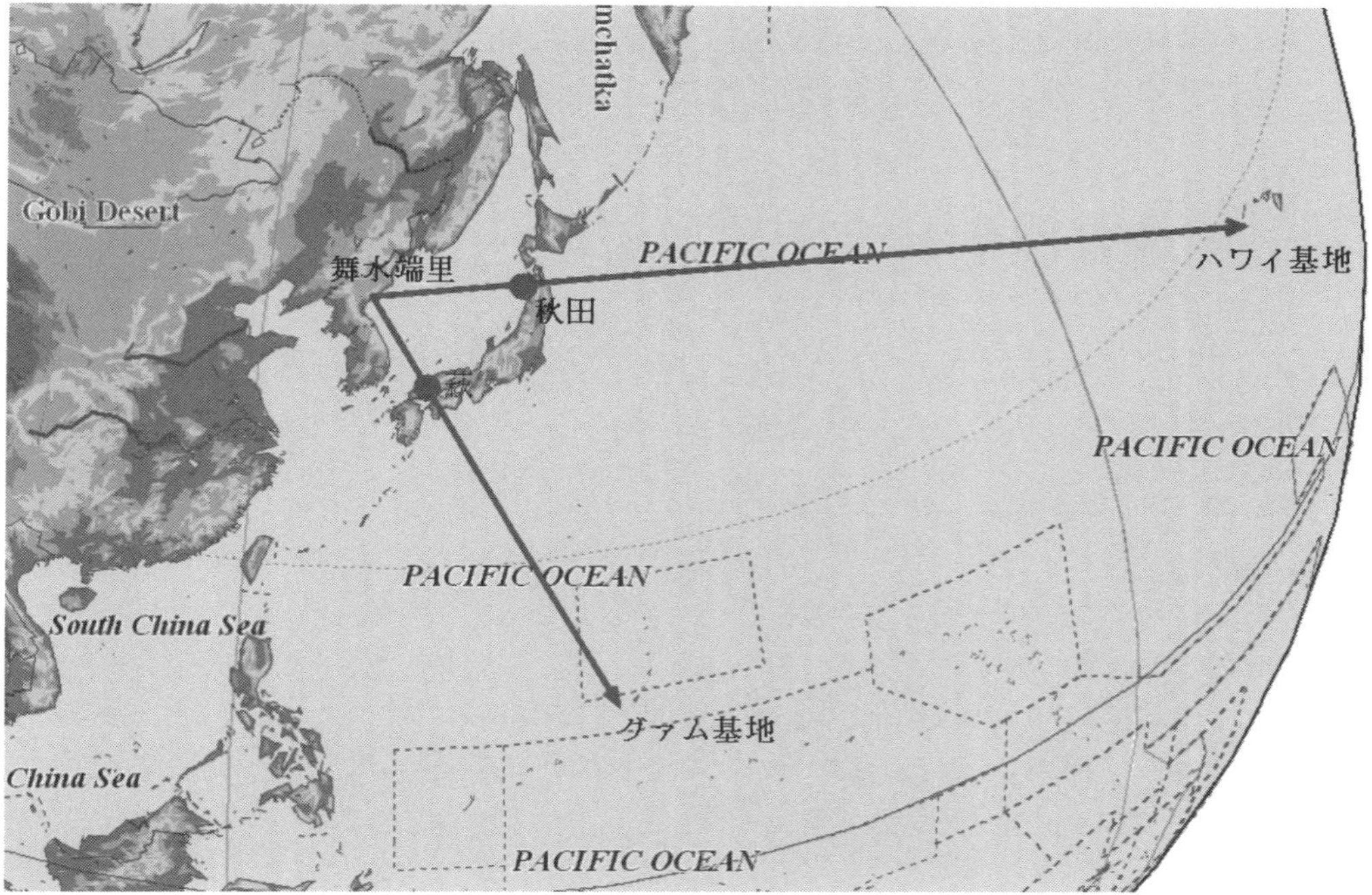

出典：米国防総省

ンプ大統領就任（一七年一月）以後の「ドナルド・シンゾウ」関係のなかでバタバタと動いた経過をみると、信ぴょう性は高いと判断していい。とすれば、CSIS論文が指摘するように「太平洋の盾：巨大な『イージス駆逐艦』としての日本」が正解なのだ。「新屋」と「むつみ」は、米本土防衛のために差しだされた人身御供だといえる。ロシアのラブロフ外相が、「（イージス・アショアは）地球規模の米国のミサイル防衛の一環で、ロシアに直接脅威を与えている」と再三にわたり警告、対抗措置をほのめかしているのも、その表れだろう（この点については、八月、トランプ政権がINF条約〈中距離核戦力全廃条約〉から脱退したことにより、イージス・アショア基地がたんなる弾道ミサイル迎撃にとどまらず「弾道・巡航ミサイル発射基地」としての性格が浮上した。それについては後述する）。

地元に降りかかる「四つの恐怖」

つぎに、仮にもし「イージス・アショア基地」が秋田市と萩市・阿武町に完成したとして、では、どうなるか。そこからはじまる事態について考える。住民は最小限「四つの恐怖」にさらされることになる。

恐怖①は、〈標的にされる危険〉である。イージス・アショアは地上固定型のミサイル基地なので、設置されるやいなや、不断の、そして潜在的な標的＝攻撃対象となることが避けられない。動かない目標。（相手にとって）照準を合わせるのは容易だ。開戦後すぐさま敵のレーダー基地・ミサイル基地をつぶす先制攻撃が戦術の常識――「湾岸戦争」以後の地域戦争は例外なくそのようにして開始された――であるから、イージス・アショア基地は、いちばん狙われやすい目標となる。迎撃基地イコール防衛基地、だから攻撃される心配ない、という思いこみは、まったく通用しない。

基地そのものが狙われるだけではない。巻きぞえは周辺地域にもおよぶ。先制攻撃を想定すると、発射から着弾までのあいだに弾道飛翔体には誤差が生じる（この誤差はCEP＝半数必中界、つまり同一諸元で発射したミサイルの半数が着弾する円内／メートルで表される）。それは気圧・風速・大気圏突入時の微妙なズレなどにより避けようがない。たとえば秋田市「新屋基地」の場合、CEPが一キロ以内としても、700メートルしか離れていない周辺住宅地――勝平地区には一万四〇〇〇人が住んでいる――は壊滅的な被害をまぬかれない。CEPが一キロメートル以上におよぶなら、「むつみ基地」周辺の農村も同様の被害が生じる（弾道ミサイルに核弾頭をつけるのは、すこし狙いが外れても目標を確実に破壊するためでもある）。

北朝鮮だけでなく中国、ロシアも中・長距離弾道ミサイルを保有している以上、両基地が運用開始されると対抗措置をこうじることはまちがいない。すでにみたとおりロシアのラブロフ外相は再三にわたり「ロシアに直接脅威を与えている」と警告している。ロシア軍基地のある北方領土・択捉《えとろふ》島に攻撃用の短・中距離弾道ミサイルが配備されてもふしぎではない。

ロシアの対応は、アメリカが「イランの弾道ミサイルから欧州を防衛する」ことを理由に、ルーマニアとポーランドに配備した（ポーランドは建設中）のにたいし、S-400長距離地対空ミサイルシステムをトルコや中国に売却したことや、新型弾道・巡航ミサイルの開発で対抗している事実からもうかがえる。「防衛措置が攻撃兵器を引きだす」典型的な軍拡のシーソーゲームである。そうなると、陸上イージスは、イージス艦のように移動できないから（周辺の地域ぐるみ）＜不動の目標＞となってしまう。

恐怖②は電磁波による健康被害だが、これは別章で詳細に論じられるので省略する。

爆炎とブースター落下

恐怖③は、＜標的＞とはならない場合、したがって、自衛隊が弾道ミサイルを探知・待ち受け・迎撃を実行したケースを想定してみる。その場合でも両基地周辺の住民は、時ならぬ鳴動と爆炎、そして噴煙の拡散とブースター落下という事態に、避けようもなくさらされる。それは突発的に起きる。

まず、迎撃ミサイルの目標が探知され発射命令がなされると、発射場周辺は騒音と爆炎につつまれるだろう。六発（あるいは八発）同時発射ならば一斉に、随時発射ならすこし時をおいて、轟音と地鳴りが基地全体をつつむ。たしかに、そうした音や光は、たとえば、人工衛星が内之浦宇宙空間観測所や種子島宇宙センターから打ちあげられるとき、わたしたちがテレビニュースで目にする光景と変わりない（じっさい、防衛省はそう説明する）。

だが、状況がまるでちがう。人工衛星打ち上げは、予告された日、時刻におこなわれる。だが、迎撃ミサイル発射には日時の告知もカウントダウンもない。深夜、あるいは早朝かもしれない。

まちがいなく――ロケット発射見物という観光気分などみじんもなく――いきなりやってくる。

地元説明会で配布された資料（「イージス・アショアの配備について」令和元年五月　防衛省）によると、「迎撃ミサイルの発射時の騒音と噴煙は、住民の皆様の人体に影響を与えることはありません」、「一〇〇デシベル（電車が通過する高架下）を超える音響が発生する時間は数秒程度です。これはWHOの基準（許容可能な騒音の継続時間）にも合致するものです」とある。とんだところで「世界保健機関」の権威が引用されているが、夜中に、突然、「電車が通過する高架下」の音響にさらされた住民の気持ちはどうか、についての説明はない。

噴煙について、防衛省は「SM-3（ミサイル）の噴煙は風や時間により拡散していきます。拡散の程度をシミュレーションしたところ、VLS（垂直発射機）から二〇〇m以上離れていれば、身体に影響がないということが分かりました」と書いてあるが、具体的な拡散範囲や健康への影響の根拠は説明されていない。仮に200メートルとしても、秋田市新屋地区の場合、県道や住宅のすぐ近くまで噴煙に包まれることになる。

ブースター（補助推進ロケット）落下についてはどうか。

イージス・ミサイルの発射後しばらくすると、三段ロケットのうち補助推進用につかったブースターが切りはなされ発射場周辺にかならず落下してくる（図2）。ブースターは直径五三センチ、長さ一七〇センチ、重量二〇〇キロもある。六発発射すれば六基のブースターが落ちてくる。

防衛省説明では、ブースターの落下位置は、「ミサイルの速度・飛翔方向」「上空の風向・風

図2　SM3ブロックⅡA全体図

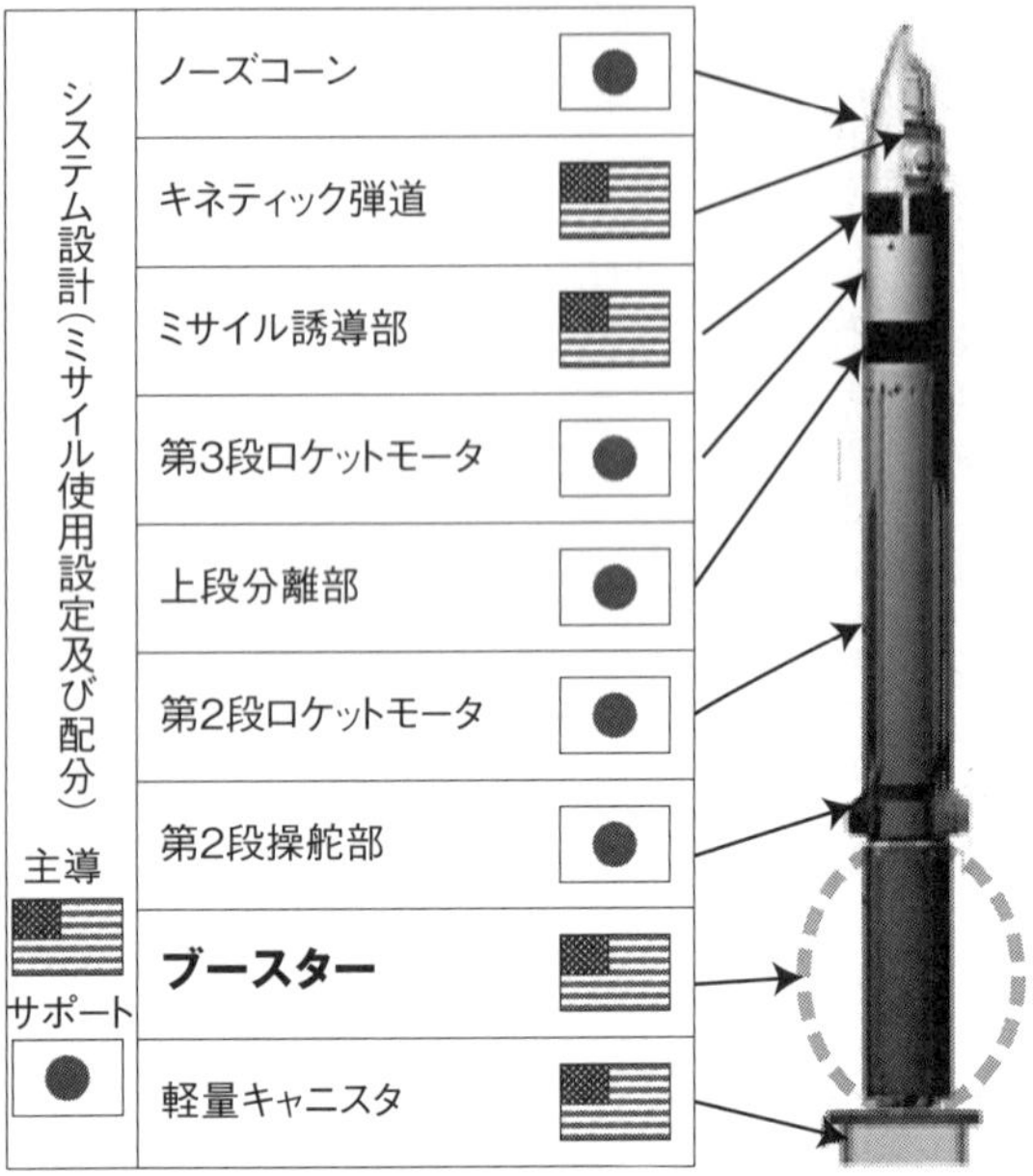

2019年版、「防衛白書」より

速」「落下時のブースターの姿勢」などからあらかじめ計算できる、としたうえで、「実際にミサイルを発射する場合は、発射直前の風速・風向を計測しミサイルが区域内に落ちる条件で発射します」とのべ、結論として「迎撃ミサイルの飛翔経路をコントロールし、ブースターを演習場内に落下させるための措置をしっかりと講じます」、と「安全な誘導」を強調している。

そのようにうまくいくものだろうか？　発射角度（仰角）の微妙な差がブースターの落下位置に関係するはずで、それは探知・発射のタイミングや発射角度とかかわっているはずだが、防衛省の説明はこまかな説明ぬきに「しっかりした措置」を強調するだけだ。住民への説明資料なので、不安を解消させるための大まかさには目をつむるとしても、そもそも、イージス・アショア本来の使命は弾道ミサイルを迎撃・破壊することにあり、燃えがらとなったブースターの誘導・落下など副次的な問題でしかない。まして三基のＶＬＳから同時・多数発射されると、ブースター個々の落下位置を計算し、風速・風向によるずれを補正、演習場内に誘導・落下させる余裕があるかどうか、きわめて疑わしい。近隣にとって巻きぞえの災厄は避けられそうにない。

日常的な監視

恐怖④は、有事においてはむろんのこと、日常の段階から厳重な警備と秘密管理が実施され、地域の平穏な生活をみだすおそれが大きいことだ。イージス・アショア基地が第一級の先端「防衛施設」であり、（先制攻撃の標的だけでなく）平素からテロ・破壊工作の目標と想定されるので、日常的に高度の警備体制がとられるはずだ。当然ながら、それは地域住民がねがう平穏な生活と調和できるものでない。

「新屋」「むつみ」両基地には、完成後、各二五〇人の陸自隊員が配備される（ルーマニアで運用中の基地は一〇〇人ほどだからずいぶん多い）。陸自部隊は、「弾道ミサイル防衛隊」「警備部隊」「対空防護部隊」「その他部隊」からなる。内訳は不明だが、普通科（歩兵）をもってあてる「警備部隊」が分厚くなっているためだろう。

前掲防衛省資料によると「平素から、テロ・破壊工作等を未然に防ぐため、普通科部隊を中心とした警備部隊を配置し、警察とも情報共有を行います」とあり、「事態急迫時」になると「近傍の駐屯地から増援部隊を派遣し、テロや工作員の破壊活動を未然に防ぎます」とされる。

配備予定器材の一例に、「遠距離監視装置」警戒監視用小型無人機」「赤外線センサ」「監視モニタ」などがあげられている。また、営門には「不審者、不審車両の侵入を防止するための侵入阻止器材の一例」として「外・内柵」「ボラード」（保護柱）「ブロック」などをそなえる、としている。終日、重武装した車両が基地周辺を巡回するものと予測される。

これらものものしい警備ぶりをみれば、周辺地区の住民もまた日常的に警戒・監視対象、〈潜在的な不審者〉とみなされると受けとめるしかない。都市近郊住宅地の便利な生活空間（秋田市）、また、のどかな田園風景（萩・阿武町）は消えてしまう。その見地に立てば、イージス・アショア基地は、大気圏に向かって警戒監視するばかりか、周辺地域にたいしても敵意を発散し、住民の一挙一動にも見張りの目を向ける日常的な存在、とみなさざるを得ない。

くわえて、一九年六月施行された「ドローン規制法」により、「防衛関係施設の周囲おおむね三〇〇メートル」では自衛官が「監視」「取り押さえ」などをおこなえるようになったことも考慮にいれておく必要がある。イージス基地が「重要防衛施設」として同法の対象となるのはまちがいなく、ということは、上記した自衛隊の警戒監視活動は「基地の外おおむね三〇〇メートル」でも実施でき、「取り抑え」も可能になる。自衛官が司法警察員の職務を代行する意味でいえば、〈憲兵の復活〉にもつながりかねない。「平素から」の監視活動は——武装隊員による「巡回」とともに——いっそう厳重なものとなるだろう。

もう一点、イージス・アショアが容易に攻撃兵器にも転換できる事実も知っておく必要がある。前記した一九八八年のイラン旅客機撃墜、二〇一七年のシリア攻撃は、ともにイージス艦のVLS＝垂直発射機が（迎撃でなく）先制攻撃に使用されたケースである。それをみるまでもなく、VLSとは要するに〈容れ物〉にすぎない。内部になにを装てんするかは運用者の一存で選択できる。げんに海上自衛隊のイージス艦の場合も、一艦96セルのVLSには弾道ミサイル迎撃用の「SM3ブロックⅠB」のほか、対空・対艦・対潜が詰まっている。迎撃と攻撃は〈表裏一体〉の関係にあるといっていい。イージス・アショアのVLS発射機にトマホーク巡航ミサイル、あるいは中距離弾道ミサイルを詰めれば、すぐ攻撃兵器に変身する。「敵基地反撃能力」保有論者は、そのことを考えているにちがいない。

もし、「自民党提言」にふれられていた「わが国独自の敵基地反撃能力の保有」が現実になったとすると、日本のイージス・アショアは、朝鮮半島、極東ロシア・中国にたいする強力な先制攻撃能力を有することとなる。この〈表芸〉と〈裏芸〉の同質性、両用性もわきまえておかなくてはならない。防衛省がいうような〈防御専一〉に特化した兵器ではけっしてないのである（この点については次節で再論する）。

3　地元紙のスクープによる「計画中断」、「再調査」へ

これまで追ってきた流れから浮かびあがったとおり、秋田市と萩市・阿武町へのイージス・ア

ショア配備計画には、従来の「基地問題」と異なるいくつかの特徴がある。
①〈天の声優先〉「まず適地ありき」が先行した。「なぜイージス・アショアが日本防衛に必要か」の議論はなされず、したがって国会における大所高所に立った審議を経ないまま、突如、両市町が指名された経緯にそれはあきらかだろう。地元にとってみれば「青天の霹靂」以外の何物でもない。
②〈手続き無視〉「防衛計画の大綱」および「中期防衛力整備計画」に記載されていなかった――だから防衛省や制服組が望んでいたわけではなかった――導入の背景に、「ハワイとグアムの米軍基地防衛」というアメリカの戦略目的がまずあり、日本列島が有する地政学上の利から割りだされた可能性が高いと判断できる。すなわち、ことは米東アジア戦略（北朝鮮だけでなく中国、ロシアを視野にいれた計算）に由来するものと考えられ、そこから「適地」が選定された可能性が高い。〈アメリカの国益〉が日本の政治に優先したものである。
③〈従属体質〉配備交渉が「ドナルド・シンゾウ」関係という日米トップの個人的パイプに乗って進行していった過程。そこにはトランプ大統領の「アメリカ・ファースト」に「兵器爆買い」で呼応する安倍政権の浅ましい政治手法がうかがえる。
とくに①、すぐれて安全保障政策上の重要課題であり、本来、（当然の手続きとして）国会に提示のうえ導入・配備の必要性と是非が論じられるべき政策課題であるにかかわらず、その当然の手順が踏まれることはなく、導入決定、即、配備予定地が――地元への正式伝達に先だち――メディア報道により〈天の声〉のごとくリークされた。これは本末転倒といわなければならない。

「安全保障とは国民生活をさまざまな脅威から守ること」と定義するなら、地域住民の同意、納得があってはじめて成りたつはずだ（おなじことは辺野古基地建設についてもいえる）。安倍政権は、中央＝国会審議の役割を無視して、地元＝丸投げの手法をとったのである。

そうした理不尽さへの地域住民の怒りは、七月におこなわれた参議院選挙で「イージス・アショア配備反対」に争点をしぼった野党統一候補の寺田静さんが「イージス・アショア配備反対」を最大の争点にして、自民党現職を破り当選したことによってもしめされた。「新屋配備反対」の民意は、十月二七日からはじまった「県民署名スタートの会」（一〇万筆目標）で、いっそうの昂揚をみせている。さらに、地元メディアの果たした調査報道――中央メディアの〈垂れ流し報道〉と対照的な――の成果も見のがせない。県紙「秋田魁《さきがけ》新報」が報じた「調査ミス」報道がそれである。同紙二〇一九年六月五日付は、一面トップに「イージス配備、適地調査データずさん　防衛省、代替地検討で」の見出しをかかげ以下のように報じた。

イージス・アショア（地上イージス）の配備候補地を巡り防衛省が先月公表した「適地調査」の報告書に、代替地の検討に関連して事実と異なるずさんなデータが記載されていることが四日、秋田魁新報社の調べで分かった。電波を遮る障害になるとするデータを過大に記し、配備に適さない理由にしていた。秋田市の陸上自衛隊新屋演習場以外に適地はないとする報告書の信頼性が損なわれた。

防衛省は、県や秋田市の要請に応じる形で、新屋演習場のほかに配備候補地はないかを検討。

青森、秋田、山形三県の国有地一九カ所を対象に調べ、いずれも配備に適さないと結論づけた。うち九カ所は、弾道ミサイルを探知・追尾するための電波を遮る山が周囲にあるとして、配備に適さない理由にした（以下略）。

つづく八日付の続報——

しかし、これらについて秋田魁新報社がそれぞれの国有地と山を結んだ水平距離、山の高さを基に計算したところ、山を見上げた角度を示す「仰角」が、少なくとも二カ所で実際よりも過大に記されていることが分かった。

地上配備型迎撃システム「イージス・アショア」の調査報告書に事実と異なるデータが記されていた問題で、防衛省は七日、秋田魁新報社の取材に対し、パソコン上で水平距離と高さの縮尺が異なる地形断面図を作成して紙に印刷し、その紙上を定規で測って角度を求めたため誤りが生じたと説明した。地図の専門家は「国民に対する説明資料を作っているとは思えない、あまりに稚拙な過ちだ」と批判している。

一般財団法人「日本地図センター」（東京）の田代博相談役は「縮尺の違う数字で計算してはいけないなんて、基本中の基本。インターネットの地図情報などで簡単に求めることができる標高や水平距離を使わずに、断面図を定規で測って長さを出す理由が分からない」と批判する。

この〈新屋ありき〉を証明するスクープにより、秋田魁新報社は二〇一九年度の新聞協会賞——授賞理由「イージス・アショア配備問題を巡る『適地調査、データずさん』のスクープなど一連の報道」——を受けた。同賞選考委は、「地元新聞社が国家の安全保障問題に真正面から向き合い、一年余りの多角的な取材・報道の蓄積をもとに、政府のずさんな計画を明るみに出した特報は、優れた調査報道として高く評価され、新聞協会賞に値する」と称賛した。

防衛省の不始末はなおもつづく。報道直後に秋田市で開かれた「住民説明会」の席上、防衛省担当者が居眠りしているさまを出席者に咎められる事態まで起きたのである。

相次ぐ失態に防衛省は陳謝につとめたが、それだけでは収拾できず「地形再調査」に追いこまれるにいたった。一九年七月二八日、共同通信が配信したニュースを以下にかかげる。

地上配備型迎撃システム「イージス・アショア」の秋田、山口両県への配備計画を巡り防衛省の調査にミスが相次いだ問題で、同省が近く行う再調査を外部の専門業者に委託する方向で調整していることが二七日、分かった。再調査は九月にも開始し、数カ月間を見込んでいる。客観性を重視し、防衛省の対応に反発している地元の信頼回復につなげたい考えだ。複数の政府関係者が明らかにした。

再調査には測量などを専門とする陸自部隊を活用する案も一時浮上したが、結果の客観性が問われかねないと、外部業者を利用する判断に傾いた。八月にも業者の選定に入る。再調査後は結果を精査、資料も作り直す方針。

同記事によると、あらたなスケジュールは別枠（図3）の流れになるという。

じっさいの日程は、この記事より二カ月ほど遅れており「再調査」が終了して地元に「再説明」されるのは、二〇二〇年三月以降になるだろう。防衛省の結論がべつの適地――ましてや導入撤回――になるとはとても考えられないが、地元にとってすこし猶予期間をもてたのはたしかだ。反対する側が、それまでにどのような対抗構想・政策をうちだせるか、がカギとなる。それは秋田と山口だけの問題ではない。全国民に突きつけられた課題でもある。

4 トランプ政権「INF条約から脱退」という新事態

地元をめぐってさまざまな動きが交錯するなか、国際的な面からあらたな一石が投じられた。「アメリカ、INF条約を脱退」というニュースである。一九八七年、米・ソ間で締結された「中距離核戦力全廃条約」にもはやとどまらない、とトランプ政権が表明した。八月二日のことだ。

INF全廃条約とは、地上発射型の射程500キロから5500キロまでの中距離弾道・巡航ミサイルをすべて解体・破壊するという画期的な条約で、以降、この種の兵器は製造、保有、配備が禁じられてきた。その枠組みからアメリカが離脱したのである。そればかりではない。八月一九日に米国防総省は、地上発射型中距離弾道ミサイルの発射実験を実施、成功したと発表した。マーク・エスパー国防長官は、このミサイルを「アジア太平洋地域の基地に配備したい」との意向もしめしている。時期が時期だけに無視はできない。

発射実験されたのは、イージス艦搭載ミサイルを改良した――したがってイージス・アショアの発射機にぴったり適合する――タイプだとされる。べつのニュースも報じられた。一〇月三日付『琉球新報』は、「米、沖縄に新型中距離弾道ミサイル配備計画　ロシア側に伝達、二年内にも基地負担大幅増恐れ」という見出しの記事をかかげた。

ロシア大統領府関係者によると、八月二六日にワシントンで、INF条約失効を受けてアジアにおける米国の新戦略をテーマにした会議が開かれ、新型ミサイルの配備地として日本、オーストラリア、フィリピン、ベトナムの四カ国が挙がった。韓国も米国の同盟国だが、非核化に向けた米朝交渉が進められているため当面は除外された。日本配備は沖縄と、北海道を含む本土が対象で、中でも沖縄配備について米国は当然視しているという。

図3　イージス・アショアの再調査を巡り想定されるスケジュール

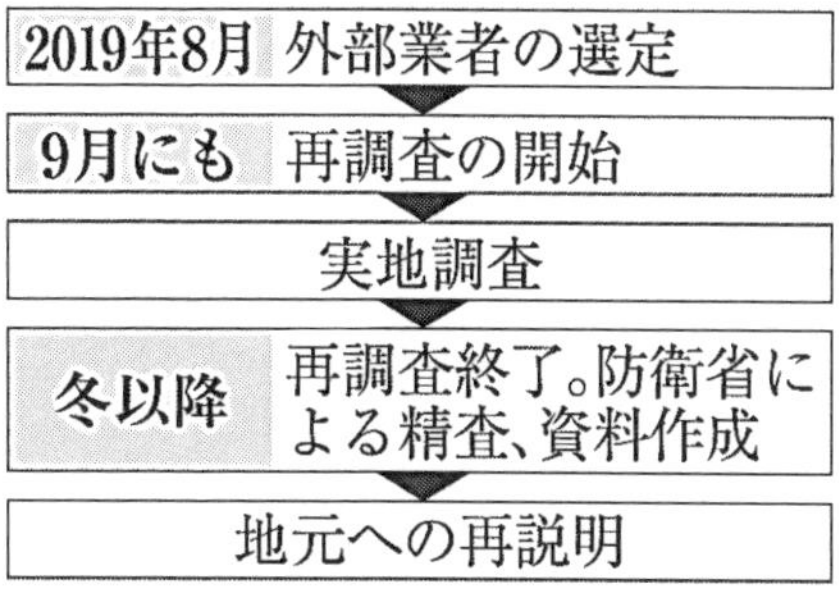

米「INF条約」から脱退～新型中距離弾道ミサイル開発～太平洋基地への配備をロシアに内報、といった動きだ。これらが「イージス・アショア基地」に直結するのは必至である。

沖縄・嘉手納空軍基地には、すでに弾道ミサイル迎撃ミサイル「PAC‐3」が配備されている。秋田や萩市・阿武町もこのニュースから無関心ではいられない。「新冷戦」ともいわれる現在の米・中関係を考えると、アメリカがここでも「太平洋の盾：巨大な『イージス駆逐艦』としての日本」を――対中国向けに――想定していると受けとめるのが自然である。

アメリカのINF条約離脱が、日本にどのような影響をもたらすか？　三つの事態を見通せる。第一は、いうまでもなく秋田市＝新屋演習場と、山口県萩市・阿武町＝むつみ演習場に予定されるイージス・アショア基地に用途変更がなされる可能性である。弾道ミサイル迎撃用にくわえ、攻撃用中距離弾道ミサイル（もしくは巡航ミサイル）が追加配備されるおそれが生じたことだ。既述したように、両基地に配備予定のMK41垂直発射システムはたんなる〈発射容器〉にすぎない。運用者の意図しだいで攻撃機能を付加できる。米軍はすでにINF条約脱退以前から中国、ロシアを念頭においた新型中距離ミサイルの開発をすすめていた。トランプ政権が日本のイージス・アショア基地を攻撃用に転換してほしいと要請してきてもおかしくない。自民党内の「敵基地反撃能力」保有論者からの賛同もえられるだろう。米シンクタンクCSIS（戦略国際問題研究所）リポート――太平洋の盾：日本――は、使途転換への予告として受けとめるべきだろう。

第二は、すでに日常化している横須賀、佐世保、ホワイトビーチ寄港の原子力潜水艦が、〈INF無条約時代〉に順応して新型ミサイルを搭載する公算が増すことだ。もともとINF全廃条約は陸上発射型に限定していた関係上、艦載型には適用されなかった。だが無条約となれば、おおっぴらにトマホーク巡航ミサイルの搭載をあきらかにし〈抑止力の誇示〉ができる。そうなれば、日本の三港は停泊期間中〈一時的な中距離ミサイルの攻撃基地〉となる。

そして第三に、ミサイル発射の指揮にあたる司令部組織が、それに先だち日本に配備されている点だ。

一八年一〇月、神奈川県相模原市の米陸軍相模総合補給廠に「第38防空砲兵旅団司令部」が移駐してきた。「即応能力の増進と抑止力強化の援助、日米同盟の能力構築で太平洋の米軍の関与を誇示する」のが目的とされる。車力（青森県）、経ケ岬（京都府）にあるXバンドレーダー基地のほか、嘉手納基地のPAC3（広域防空用の地対空ミサイル二四基）の指揮にもあたる。同司令部は、ひろくインド・太平洋の防空任務を統括する。これもINF離脱後を見越した配置だと思われる。

一九年八月のINF条約離脱からまだいくばくもなく、本格的な動きは二〇年以降になるだろうが、現段階でも以上三点を指摘できる。今後、徐々に――とくにイージス・アショア基地の設置計画が具体化すれば――正体があかるみに出るだろう。

ロシアのプーチン大統領が一九年一〇月に出した声明で、「アジア地域での中短距離ミサイル配備計画がロシアの脅威となっている」と指摘し、「われわれの行動のすべては極めて報復的であり、鏡のような性格をもつ。われわれは、それらの地域に米国製の中短距離ミサイルの配備が行われるまでは、ミサイル配備は行わない」という発言も不気味である。

このように、トランプ政権が「INF条約」から離脱したことにより（イージス・アショアに攻撃能力を付与することをふくめ）あらたな情勢が生まれたのである。ＩＮＦ無条約時代という新状況のもとで〈歯止めなきミサイル軍拡競争〉を阻止するため、どのような対抗構想をかかげることできるかが今後の課題となる。

5　どう対抗していくか

「Ｊアラート」避難訓練の愚かさ

思い出してみよう。イージス・アショア導入の引き金となった「自民党提言」（一七年三月三〇日）前後は〈北朝鮮の核・ミサイルの脅威〉旋風が吹き荒れていた。直後の四月二一日には首相官邸のホームページに「弾道ミサイル落下時の行動について」というお知らせがアップされた。官邸主導による〈北朝鮮の核・弾道ミサイルキャンペーン〉のはじまりである。

「落ち着いて行動してください」と呼びかけるその内容は、「できる限り頑丈な建物や地下街などに避難する」「物陰に身を隠すか、地面に伏せて頭部を守る」「窓から離れるか、窓のない部屋に移動する」などといった〈対策〉だ。こんな広報が「政府からお知らせします」のタイトルで全国の新聞七〇紙に掲載、テレビ四三局で流され、経費は三億四〇〇〇万円にのぼった。

わたしの住む埼玉県ふじみ野市でも、教育委員会名による「緊急回覧」がまわされ、「Ｊアラートによる情報伝達時の対応について」として、「登校前　児童生徒は自宅待機とする」、「登校途中　児童生徒は近くの建物の中、又は地下に避難する」、「下校時　児童生徒は学校待機とする」

などの協力要請がなされた。小中学校では避難訓練がおこなわれたと聞いた。

この狂騒ぶりから、思わず『ジ・アトミック・カフェ』のシーンが思いおこされた。この映画、アメリカ市民が〈ソ連のICBM〉におびえていた一九六〇年代の世相をパロディ化したドキュメンタリー（八二年制作）である。そのなかに、児童たちがサイレンの合図でいっせいに教室の机の下にしゃがみこむシーンがあり、それにかぶせて、〝私たちはカメのように甲羅がないから、ほかの手を使います。まず頭を低くして隠れること、というナレーションが流されていた。〝duck and cover〟（しゃがんで・隠れろ）、これが当時の合言葉だった（金持ちは地下にシェルターをつくった）Jアラート・キャンペーン〉は、まさしく〈現代版アトミック・カフェ〉にほかならなった。

もうひとつ連想したのは、広島に原爆が投下された直後、軍の防空総本部が発表した「対策心得」だった。防衛庁戦史叢書『大本営陸軍部〈一〇〉』には、

一　新型爆弾に退避壕は極めて重要であるから出来るだけ頑丈に整備して利用すること
二　軍服程度の衣類を着用していれば火傷の心配はない
三　突差《とっさ》の場合には地面に伏せるか、堅牢建築物の陰を利用すること
四　以上のことを実施すれば、新型爆弾もさほど怖れることはない。

とする「心得」がならぶ。「官邸ホームページ」とおどろくほど似ている。共通するのは、国家の国民にたいする命令・服従関係の強要、および〈原爆＝ミサイルに、防空壕＝地下街を〉という愚民目線である。「当局」の発想は、すこしも変わっていない。

この「ミサイル避難訓練」は、一八年六月、唐突に中止された。同月、シンガポールにおける「トランプ・金正恩会談」により、北朝鮮の非核化と、とりわけ弾道ミサイル発射に「話し合い解決」のめどがついたためである。じっさい、以降、日本周辺までとどく弾道ミサイル発射はおこなわれていない。この状態を継続させ、かつ永続的な朝鮮半島の非核化——それは現状の「休戦協定」を「平和条約」締結へと進展させることにある——が実現できるならば、イージス・アショア導入の根拠は消滅する。それは安倍首相が好んで口にする「ウィン・ウィン」関係達成ということになる（といいながら、安倍政権が対韓国、対中国に向ける軍事的まなざしは「ゼロ・サム＝ゼロか・すべてか」なので言行不一致だが）。

真の「ウィン・ウィン」確立に向けた方策を考えることこそ、いま必要なことではないだろうか？　国会で来年度予算案に計上されるイージス関連経費に反対し支出を阻止するのはもとよりだが、同時に、「イージス・アショアなき日本」の展望をしめしつつ、多数派を結集させる対抗構想の提起も反対行動に劣らず大事だろう。

「東アジアABM条約」に向けて

どう対抗するか？　ひとつの手がかりとして、「東アジアＡＢＭ（迎撃ミサイル禁止）条約」および「東アジアＩＮＦ（中距離核戦力全廃）条約」を提案したい。まずＡＢＭ条約から。

弾道ミサイル攻撃を迎撃ミサイルで撃破する、という構想は、一九五七年、ソ連が初のＩＣＢ

M発射に成功して以来、米戦略家および軍産複合体のエンジニアたちにとって〈見果てぬ夢〉となった。「ピストルの弾をピストルで撃ち落とす」願望と挑戦である。しかし、そこから根源的な〈矛盾〉がうまれる。矛《ほこ》＝ＩＣＢＭ（大陸間弾道弾）と盾《たて》＝ＢＭＤ（弾道ミサイル防衛）の関係は、相互に排斥しあって両立できず、字義どおりの〈矛盾〉となるジレンマである。それは〈永遠の鼬《いたち》ごっこ〉におちいらざるをえない。

たとえば、防御側がＢＭＤ（イージス・アショアもその一種だ）が実用化させると、攻撃側＝ＩＣＢＭ保有国は、ＭＩＲＶ（個別誘導複数弾頭ミサイル）、つまり一個の親弾頭に複数の子弾頭を組みこむ方式で対応し、弾道ミサイルの有効性を高めるよう努力した。防御側がそれに対抗すべくさらに力をいれると、攻撃側はＭａＲＶ（機動式再突入弾頭）という独立・機動式・複数弾頭の弾道ミサイルを用意し――その大半はデコイ（おとり弾）なので防御側に無益な出費を強い――さらに対応困難にするといった具合で、米・ソ双方は、いたずらに弾頭につける核の配備数増加をもたらすのみだった。一九六〇年代の「米・ソ核軍拡競争」（核弾頭数と核実験回数の増加）は、この応酬が土台となっている（現状は、ＢＭＤでは対応できない「巡航ミサイル」や「ドローン」が出現したことによってさらに状況は複雑になっている）。

結局、理性（あるいは財政上の困難）が勝ちを占めたというべきだろう。一九七二年五月、両国（ニクソン米大統領とブレジネフ・ソ連書記長）は「ＡＢＭ条約＝弾道弾迎撃ミサイル制限条約」に署名した（一〇月発効）。米・ソが核軍備を国際条約によって規制することに合意した最初の例であった。条約は、米・ソがそれぞれの弾道弾迎撃ミサイル基地を二カ所（七四年議定書で一カ所になる）に制限すると規定していた。ソ連はモスクワ近郊、アメリカはノースダコタ州に配備権を得た（アメリカのＡＢＭは配備されなかった）。

ＡＢＭ条約の意義について『ニクソンの平和戦略』（七三年刊）の著者フランク・リンデンは、「要するに、米ソどちらも、自国の領土の大半が相手国の攻撃ミサイルに対して無防備であり、相手国を第一撃で破壊しても、相手国からの報復攻撃で壊滅させられることを免れ得ないことを認めたわけである」と要約している。互いに核戦争には〈弱い下腹〉を見せ合うことに合意したのである。

しかし、二〇〇一年一二月、ブッシュ米大統領は、ＡＢＭ条約から離脱するとロシアのプーチン大統領に正式通告した。「９・11事件」直後のことである。

「私は、この条約はわが政府が国民を将来のテロリストやならず者国家から守る妨げになるとの結論を出した」と声明でのべている。主導したのは、つい最近までトランプ大統領の国家安全保障問題担当補佐官をつとめたジョン・ボルトン国務次官である（この人物はイージス・アショアの〈日本押しつけ〉でも重要な役割を果たした）。

ＡＢＭ条約離脱以後、アメリカは、あらゆる種類のミサイル防衛から足かせを解き放たれたこととなり、ＢＭＤ（弾道ミサイル防衛）を――日米共同開発もふくめ――加速させる。艦艇用イージス・システムを陸上化し、イージス・アショアとして同盟国に売却するのが、そのひとつであることはいうまでもない。

だから「ＡＢＭ条約を再興しよう」が対抗構想の第一となる。たんに再興するのではない。新条約は、米・ロ二国だけでなく中国、南北朝鮮をふくむ「東アジア全体」をおおうものとしなければならない。かつて〈ミサイルを、ミサイルで〉の軍拡競争に狂奔した米・ソさえ、弾道ミサイルを迎撃ミサイルで防衛できると考えることが（技術的にも財政上からも）正気の沙汰でないと気づき開発を放棄、ＡＢＭ条約締結にいたったのである。いまや弾道ミサイル保有国は英、仏のみならず、中東のイスラエル、インド、パキスタン、イランなどにひろがり、（東アジアにかぎっても）中国、北朝鮮、韓国など複数国ある。日本もまた巡航ミサイルや滑空弾開発の方向へとすすんでいる。

ふえるばかりのプレーヤー、複雑化するゲームの理論、うなぎ上りする経費、当てにできない効果……。これら〈矛盾のかたまり〉を溶かすには、ニクソン大統領とキッシンジャー補佐官（米）、ブレジネフ書記長とグロムイコ外相（ソ）が到達したのとおなじ合理的思考と理性的判断を受けいれるしかない。

ひとまず、迎撃ミサイルを開発・配備しないとする条約ができれば、イージス・アショア導入計画も自然消滅する。

そのような方向を提案することこそ「九条をもつ日本」の役割であろう。安倍首相は「プーチン大統領と二七回も会談した」などと誇っているが、真に議論すべきことは、イージス・アショア計画を取りやめ、ロシアとＡＢＭ禁止条約を締結すること、同時にそれを、政治的には良好な関係にある（軍事動向には別の面がみえるが）とされる中国をも組みいれた東アジア大にひろげる努力であろう。安倍政権にその意欲と能力がなければ、政権交代をもとめるしかない。野党に「対抗構想」の準備ができているだろうか?

「新INF条約」の締結を

対抗構想の第二は、「中距離核戦力(INF)全廃条約」を再現し、かつ、その「東アジア版」を提案することに置かれる。防御兵器を捨てるだけ——ABM条約を復活させイージス・アショアを放棄しても、攻撃ミサイルはなお存在する状態——であっては安全といいがたいからだ。防御と攻撃の悪循環=矛盾を根源で断たなければならない。

そうすると、一九八七年にヨーロッパ全域(ウラルからリスボンまで)を枠組みとして成立した「INF条約」が参考になる。これもまた、トランプ政権による横紙やぶりの破棄通告の結果、一九年八月以降、無条約状態となったが、これを復活させ、同時に包括的な「東アジアINF条約」としてリフォームするという提案である。それによって秋田も山口も新基地から最終的に解放される。

INF(中距離核戦力)とは、射程500~5500キロの弾道・巡航ミサイルをいう。一九七〇年代末、その新世代ミサイルにあたるSS-20を当時のソ連が配備開始した。米本土までとどかない(したがって当時の「SALT=戦略核兵器制限条約」には違反しない)といっても、その射程は全欧州を収めて余りある。欧州の人びとは恐怖した。北朝鮮のテポドンにおびえる昨今の日本とよく似た状況である。

米主導のＮＡＴＯ（北大西洋条約機構）は、ＳＳ‐20に対抗する手段として、「パーシングⅡ弾道ミサイル」と「地上発射型トマホーク巡航ミサイル」を西ドイツ、イギリス、ベルギー、オランダ、イタリアに配備すると決定した（八一年）。ＮＡＴＯの二重決定――ＳＳ‐20を撤去しなければ相応兵器を配備する――とよばれる「矛《ほこ》には矛《ほこ》を」の相殺戦略である。八三年末からトマホークとパーシングの西欧諸国への配備がはじまった。これに反対して全ヨーロッパをつつんだのが「反核草の根のうねり」といわれる大衆反乱だった。

配備予定地のイギリスでは、基地のフェンスにみずからの身体を縛りつけてあらがう「グリーナムコモンの女たち」があらわれ、オランダでは反対デモに現役将校・兵士や王家の一員もくわわった。西ドイツで一〇〇万人参加の反対集会がおこなわれた。いまドイツ有数の左翼政党となった「緑の党」が連邦議会に初議席を得たのも、この運動をつうじてである。人びとは、政府が宣伝するprotect and survive（防衛して生き残れ）を一字だけ置きかえてprotest and survive（抗議して生き残れ）をスローガンとした。また「オイローシマ」（ヨーロッパとヒロシマの合成語）が運動をつなぐ言葉となった。当時スペインに住んでいた作家・堀田善衛はつぎのように書いている（朝日新聞八二年二月九日夕刊）

「昨年の秋からヨーロッパにおいて、特に西ドイツにおいて根強く、かつ広範な――ということは単に政治的左翼や労働組合だけではなく、多くの教会や市民運動などから反核爆弾運動、〝核から解放されたヨーロッパを！〟という運動が盛り上がってきたについては、何よりもその根底に、〝わが村、わが町〟という、何にもまして否定しがたい生活の実態に根差したものがあるということを見落としてはならないであろう。

　さればこそ、昨年九月のボンにおける二十万人集会において、西ドイツ作家同盟は、東ドイツ作家同盟との共同反対声明を発表しえたのであった」

　草の根反核運動は、国境を越え、体制さえも越えた（東ドイツ、ポーランド、ルーマニアなど共産圏諸国に飛び火した）。米・ソ双方が、中距離核ミサイルを全廃するという「ＩＮＦ条約」に調印（一九八七年）したのは、こうした背景あってのことだった。調印者はアメリカのレーガン大統領とソ連・ゴルバチョフ書記長であったが、〈草の根の民衆〉の蜂起こそが史上初のミサイル全廃条約もたらしたのである。


　これまで何度も書いたように、トランプ大統領の脱退通告によって中距離核戦力にかんして世界は〈無条約状態〉に突入した。状況は劇的に変化している。米国とロシア双方が、地上発射装置に容易に転換できる海上巡航ミサイルをすでに保有中なので、たとえば、ロシアの「カリブル・ＮＫ」（射程距離は一四〇〇キロ）、米国のトマホーク巡航ミサイル（射程距離二五〇〇キロ）、さらに新型の発射実験は、数年のうちに地上発射型に変換できる。「カリブル・ＮＫ」が極東部のナホトカから発射されるとほぼ日本全都市を網羅できる。二〇〇〇キロ以上の射程範囲を有するミサイルになると、沖縄の空軍基地まで攻撃する能力をもつ。ＩＮＦ条約が無効化された新状況下において、空軍基地や海軍基地などの重要な軍事施設に、突然のロケット攻撃を仕掛けることが技術的に可能となった。

であればこそ、これから建設される秋田と山口のイージス・アショア基地は、さらに危険である。なぜなら、フリーハンドをえたトランプ政権が、イージス・アショアに攻撃能力をもたせようとする可能性が高まってきたからだ。繰り返すが、トマホーク巡航ミサイルをＶＬＳに格納することは技術的になんら問題ない。自民党の「敵基地反撃能力」推進者たちはそれに賛成するかもしれない。そうすると「新屋とむつみ」は、米・ロ・中の軍拡競争に巻きこまれるかたちで〈攻撃基地〉に変身することになる。

そうした事態を回避するために――事態を根源的に解決するためにも――「新ＩＮＦ条約」の締結が必要である。イージス・アショア問題は、けっして秋田県と山口県にとどまるものでないと受けとめることが肝要である。

第二章　イージス・アショア配備は本当に必要なのか

纐纈　厚

はじめに――脅威論の虚妄性に絡めて――

安倍首相の外交・防衛問題を語る上で大前提となっているのが、「東アジアの安全保障環境は変わった」というフレーズである。このフレーズは繰り返し持ち出されるのだが、具体的にどのように変わったかについては、詳しい説明がない。恐らくは、朝鮮民主主義人民共和国（以下、北朝鮮と略す）の繰り返されるミサイル発射実験を日本への脅威とみなし、また、急ピッチで進む中国の軍備拡充の動きへの警戒心を指していよう。

恰《あたか》もそれが全ての前提のように持ち出される。北朝鮮のミサイル発射実験は、同国の核兵器開発と同様に、その核兵器がミサイルに搭載されるレベルに達しつつあるとする読みと一緒になって、これへの対応措置が経済制裁と並び、軍事的にはイージス・アショア配備という筋立てになっている。

それで小論では、第一に、イージス・アショア配備計画の前提となっている「東アジアの安全保障環境」の変容が本当に日本にとって脅威の増大という枠組みで捉えられるのか、について検討するものである。

ここでは純軍事的な課題は他の論考に譲るとして、第一に何故北朝鮮を脅威対象国とみなし続けるのか。そのことに絡めて、昨今ではとりわけ従軍慰安婦問題や徴用工問題という歴史問題で際限なく軋轢を増幅させている大韓民国（以下、韓国と略す）への姿勢の問題を含めて、やや遠回しながら本問題に肉薄することを目的としている。

先に結論を示しておくならば、北朝鮮脅威論とは虚妄の脅威論であって、極めて恣意的な政治的判断であること。それは歴史問題についても通底していて、対北朝鮮、対韓国への政治的圧力をかけ続けることで植民支配責任を回避し続ける戦後日本の保守勢力の強い要請を背景にしていることである。

第二には、軍事的有効性の課題とされながら、いわゆるアメリカ製兵器の〝爆買い〟の象徴としてイージス・アショアがあり、それは対米従属外交及び日米同盟によって規定され続ける日本の没主体的な外交防衛政策の典型事例として見ておく必要があることである。

イージス・アショア配備問題とは、もちろんのこと、防衛問題というより、日本の外交姿勢を問う問題である。同時に山口・秋田だけの地域的問題ではなく、日本の将来に直接かかわってくる問題としてあることを強調しておきたいと思う。

1　東アジアの緊張は高まっているのか

(1)　繰り返されてきた戦争挑発

本当に東アジアの安全保障環境は、危険水域に達しているのだろうか。北朝鮮は、日本にとって軍事的脅威の対象だろうか。百歩譲って、北朝鮮に日本を攻撃する軍事能力があるとしても、その意図が皆無であれば、それは脅威とは言えない。アメリカには、日本を攻撃する軍事能力が存在するが、その意図はない。日本国民の誰もがアメリカの軍事力を脅威と感じていない理由はそこにある。

攻撃能力を獲得した北朝鮮が日本攻撃の意図を持ち、それを実行したとしても、現在の北朝鮮の軍事力で日本占領は困難であるどころ、日米軍事力の反撃で一挙に粉砕されることも客観的な軍事力格差からすれば明らかだ。北朝鮮が、そのような愚を犯すとは到底思えない。

確かに、米朝首脳会談がこれまでにも三回にわたり開催され、牛歩の如く、会談内容の進展は必ずしも芳しくない。しかし、国際法上、休戦協定が締結されているとは言っても、国際法上は交戦相手国同士の最高首脳が膝詰談判を繰り返しているのだ。これが緊張緩和という枠組みの設定のなかで企画された会談であることは間違いない。

同時にアメリカが強大な軍事力や米韓合同演習を実施して、直接間接に北朝鮮に圧力をかけ続け、同時に経済封鎖を敢行して右手で握手する一方で、左で暴力を振るい続けている構図も変わりない。それが今年（二〇一九年）八月五日に再開された米韓合同軍事演習である。一方の北朝鮮も、アメリカとその後塵に位置する日本からの途方もない圧力感から、少しでも解放されるためにミサイル発射実験を止める気配もない。

その意味で米朝関係は軍事的には決して予断を許さないものの、政治的な領域における首脳会談の開催の事実が、朝鮮半島の緊張緩和の様相を明確にしている。限りなく実戦に酷似した様相で展開される米韓合同軍事演習は、北朝鮮からすれば脅威であろう。演習とは言え、それは戦争と同次元で把握される恐怖であり、北朝鮮は相応の戦闘配置を強いられる。

このように、いつ戦争が起きるか分からない緊張状態を醸成しながら、米韓合同軍事演習が展開されること自体、北朝鮮にとっては生活破壊をもたらすことになりかねない。米韓合同軍事演習を行うアメリカ軍はもちろんのこと、アメリカに随伴する韓国国防軍、それに側面からサポートする日本の自衛隊なども、事実上、北朝鮮人民の生活破壊に手を貸していることになる。

その実態に眼を瞑ったまま、日本のマスメディアは「北の脅威」を声高に叫びつつ、反北朝鮮の宣伝活動を行い、北朝鮮バッシングを繰り返す。ミサイル発射実験という可視的な脅威対象を増幅し、反発感情を煽るに汲々とする。そこには冷静な軍事分析も、アメリカや日本の軍事プレゼンスに脅威感情を抱く北朝鮮の実態への関心もない。

繰り返されるアメリカの挑発により、北朝鮮は自国の自主権や生存権を守るために経済建設、核武力建設の並進路線を推し進めざるを得ない。つまり、アメリカや韓国、それに日本が北朝鮮への軍事的かつ経済的な圧力や制裁を加えれば加えるほど、その反作用の如く北朝鮮指導部は、ミサイル発射実験を繰り返すことで国民の不安を解消し、対抗心を喚起することになる。言い換えれば、相互に脅威感情の炊き上げに奔走していると言えるのではないか。留まることを知らないチキンゲームの中で、相互不信と警戒心だけが増幅していく負の連鎖を断ち切れないでいるということだ。

(2)　日米同盟の証として

二〇一七年五月三日の憲法記念日に、安倍首相は憲法改正を求める集会の席にビデオメッセージを寄せ、二〇二〇年までに憲法を改正する案を唐突にも表明した。これは、国会のなかに設置されている憲法審査会を明らかに蔑ろにする発言であった。この発言については、自民党内からも国会軽視ではないかとの声が挙がっている。

アメリカに取って代わって北朝鮮含め、アジア諸国に対する軍事的恫喝を自衛隊の力で完全ならしめたい、そのためには自衛隊を国防軍という形で、朝鮮半島をはじめ海外の地で全面展開できるよう国民の認知を受け、その足枷となっている憲法を改正したいという思惑が込められていたと見てよいだろう。

自衛隊を自衛軍あるいは国防軍にすることによって軍法会議をつくり、もし自衛官が戦地で死亡した場合、戦死扱いとして靖国に合祀《ごうし》したいと考えている。安倍改憲の動きには、この対北朝鮮への圧力、さらには恫喝のために自衛隊を自在に活用したい、とする執念さえ感じる。その文脈で言えば、イージス・アショア配備計画も日米同盟強化の証として捉えているのである。

だが、ここにきて従軍慰安婦問題に徴用工問題を含め、歴史問題の決着を求める韓国と日本との関係悪化という事態のなかで、日本政府は韓国と同様に北朝鮮からも歴史問題を持ち出される可能性を否定できないところに来ている。

そうした観点からも、米朝首脳会談が繰り返されるなかで、表向き歓迎の姿勢を表明しつつも、本音のなかでは近い将来、日本がこれまで以上に強面な姿勢を何処まで貫徹できるかで安倍政権は苦慮することになろう。

その没主体的で過去の植民地支配責任など全く配慮しない安倍政権の姿勢を、韓国も北朝鮮も問題視せざるを得ない。安倍政権による対北朝鮮姿勢は、そのまま韓国にも転写されている現在、安倍政権はこれまで以上に頑なな対朝鮮半島問題を露骨に見せて行く可能性が大である。

　そうした安倍政権の姿勢に、同盟国のアメリカは諸手を挙げて支持している訳では決してない。アメリカの軍事戦略は、言うまでも無く現在的には中国をターゲットにしたものだ。

　中国の軍事力に対抗するために、アメリカは現在、エアシールバトル（Air-Seal Battle：ASB）戦略を採用している。ＡＳＢ戦略は、中国に近いところにアメリカの軍事力を配置展開して、常時中国に圧力をかけ、海と空から攻撃をしかけるというもの。ところが、このＡＳＢ戦略は、中国や北朝鮮と至近距離に軍事力を恒常的に展開するだけに、突発的な紛争が発生した折に、アメリカ軍が望まない場合にも巻き込まれる危険性が付きまとう。そこで、アメリカは近未来の戦略構想として、日本では沖合均衡戦略と訳されているオフショア・バランシング（offshore balancing）戦略の採用を本格化する段階に入ってきた。

　いまアメリカはグアムやハワイ、岩国、青森、沖縄など中国大陸の正面で巨大な軍事力を展開している。横須賀にも第七艦隊を展開している。山口県の岩国基地も旧滑走路と並行して、同じ長さ二四四〇ｍ、幅六〇ｍ級の二滑走路が設営され、厚木から六〇機の艦載機やステルス戦闘機Ｆ‐35、輸送機のＶ22オスプレイ、空中給油機のＫＣ‐１３５等を移駐させ、沖縄の嘉手納基地に匹敵する重厚長大な軍事基地と化している。

　アメリカは将来的には中国に対しては直接関与するのではなく、オフショア（＝沖合に移りなるべく手をひいて勢力均衡をはかる）したいとしている。中国が軍拡を進めているので、米中戦争に巻き込まれたくないということだ。中国が軍事行動にでてきても、なるべく日本の自衛隊を使って、アメリカのかわりに代理戦争をさせようとしている訳である。

アメリカとしては、同盟国分担体制で韓国国防軍と日本自衛隊にこれまでアメリカが担ってきた役割を負わせたいのだ。この背景には、アメリカの国力が相対的に衰退してきたことがある。それをも背景として、アメリカの軍事戦略が大きく舵を切ろうとしている。

そうしたアメリカの変容ぶりをも見据え、日本の自衛隊を国防軍にしてアメリカの負担を減らしていくことが日米同盟の真価を問うものだとする判断が日米両政府に共通しているのではないか。そのアメリカの意図を先読みして、アメリカの要求に応えるためには、憲法九条が足枷となるので、憲法をどうしても変えたいのである。

日米両政府の思惑が完全に一致しているとは思えないが、アメリカは東アジア地域における軍事プレゼンスを経済負担を軽減していく方向性のなかで、維持しようとしている。そうなると勢い日本の自衛隊に従来以上の役割を分担させるしかないのである。

こうしたアメリカの戦略転換は北朝鮮との緊張緩和の動きのなかで一層鮮明となり、同時に拍車がかかっている状況である。

単純化するものでも、楽観視するものはでないが、少なくとも米朝関係は、今度朝鮮戦争の正式な終戦に向けて歩を早めることはあっても、緩めることはない。

そうした意味では、東アジアの安全保障環境は変わりつつある。言葉の上では安倍首相の文言と同じだが、意味するところは真逆と言える。

2　いまなぜイージス・アショア配備なのか

(1)　イージス・アショア配備計画の妥当性

北朝鮮は日本にとって脅威ではない。隣接する韓国にとっては、脅威として一定程度の警戒心は持たざるを得ないとしても、これに軍事力強化で対抗しようとする判断が支配的である訳ではない。それを脅威だと認定したとしても、ならば脅威削減のために知恵を絞るのが政治であり外交の役割だと、韓国は自覚している。

それが文寅仁《ムンジェイン》韓国大統領を中心にした韓国の基本姿勢であり、最近でこそ側近の疑惑問題などもあり、大統領就任当時から支持率は落ちているともされるが、依然として韓国国民の多数により支持されている。その支持の上に、文大統領は金正恩労働党委員長との首脳会談に踏み切った。勿論、韓国とて一枚岩ではない。頗る強力な諸野党や諸団体、右翼集団も機会を見て文政権打倒を叫び続けている。

民主主義を原理とする選挙で選出された大統領は決してカリスマにはなれず、絶対的な権力を握ることは許されない。そこに政治選択の多様性が生まれる。韓国の政治は、実はこの多様性のなかで、日本からみれば揺らいで見えることもある。

これに対して日本の安倍政権は、経済制裁一辺倒の対北朝鮮姿勢を崩そうとしない。韓国の政治よりも、日本では民主的選挙で選出されたはずの最高首脳が極めて硬直した姿勢から離れられないでいる。それで安倍政権の姿勢に北朝鮮は、対話の機会を創り出せないでいるし、安倍政権も対話への姿勢を見せようとしない。自らの立ち位置だけに固執し、動こうとしない安倍政権、日本政府に信頼を寄せることは益々困難となっている。

そのようななかで山口県萩市むつみ地区と秋田県秋田市の新屋《あらや》へのイージス・アショア配備が持ち上がった。直接にはアメリカからの武器購入の一環ではあり、日米同盟に規定された押し付けられた買い物となっている。

ここでイージス・アショア配備が提起された経緯を簡単に追っておく。

二〇二三年度までに山口と秋田の二個所に、併せてイージス・アショア二基、約二〇〇〇億円を投じて配備する計画が明らかとなったのは、二〇一七年度補正予算のなかに調査費七億円が含まれていることが明らかにされてからとなってはいる。

しかし、それよりも前に安倍首相は山口県の萩市や宇部市を選挙区とする河村健夫《かわむらたけお》元官房長官と会談し、協力を求めていた。二〇一七年十二月末のことである。河村衆議院議員の要請を受けた自民党萩市部の代表者が、二〇一八年一月中頃に中国四国防衛局に出向き、萩市むつみ地区(旧むつみ村)にある演習場への誘致と、その見返りに地域振興策を求めたとする報道がなされた(『北海道新聞』二〇一八年二月十二日付)。

これは事実に違いないが、地元山口での動きはもっと早くからあった。二〇一七年十一月の時点で、アメリカの意向を受ける形で、以前から防衛省の内外を中心に検討が進められていたイージス・アショア配備に関連して、その配備先が山口と秋田に絞られた段階で政府は閣議決定。地元山口では二〇一七年十一月二十日に自民党萩・阿武《あぶ》地域支部長幹事長会議が開催され、萩と阿武併せて八支部が挙って、その誘致運動の推進を決議している。

その決議を受けて山口県議で自民党新生会所属の田中文夫《たなかふみお》萩支部長が防衛省中国四国防衛局を訪問し、要請文を渡したことになっている（以上、『朝日新聞』山口県版、二〇一八年二月七日付）。

同新聞によれば、この時、田中支部長は、「イージス・アショアが配備され、隊員や家族が近くに住むことになれば経済効果も大きい」と強調したとされた。同時に、「新しいモノにはリスクが伴うが、我が国の防衛の方が大事だ。私が聞く限り反対はあまりない」と持論を述べたと記されている。

相変わらずの箱物行政主導型の地域振興の一環として、イージス・アショア配備に諸手を上げて歓迎姿勢を早々に見せる。トランプ米大統領からの強い要求に押された格好の安倍首相が萩出身の国会議員や萩地区出身の県会議員らを動員して地元からの誘致運動を展開していたのである。そこには経済効果という一点のなかで、健康被害を与え、軍事的緊張を深めるだけのミサイル基地誘致のマイナス面への配慮は微塵も感じられない。そもそも地域振興策として軍事基地の設営に寄りかかろうとする姿勢は、政治家としてはあまりにも情けない。

政治家であれば、生活や健康の面での安全を充分に担保したうえでの地域振興に智恵を紡ぎだす努力に集中すべきだ。安倍官邸からの命令に唯々諾々と従うのが政治家の仕事ではないはずだ。

原発建設と同様に基地建設にも交付金が政府から支給され、それを当て込んで地域開発とする手法に拘《こだわ》るばかりに、結局のところ自助努力への情熱や動機を失った地域社会が、総じて斜陽となっていった事実があまりにも多いことに自覚的でないのである。箱物建設による建設業界を中心にした一時的な潤いが、後年度負担や維持負担として重くのしかかり、地域社会全体には負の結果しかもたらされないことに注意を向けるべきところだ。

(2) 北朝鮮脅威論の虚妄性

あらためて北朝鮮の脅威の真相に触れておきたい。

確かに、核兵器であれ高性能の通常兵器であれ、兵器自体の存在は、全ての人類にとって脅威である。平和と繁栄を願う数多の国民にとって、それを棄損しかねない兵器は許しがたい存在でもある。そして、今日における兵器システムの高度化は、それに比例して破壊力が高まる一方だ。ただ、ここでいう脅威とは外交軍事上、相手国よりも少しでも優位な位置を占めるために武器を逞しくして相手を威嚇することで圧倒しようとする行為を意味する。

従って、その兵器の質量が相手国より優位であれば、国家の規模に関係なく強大な外交力を発揮可能だとする、ある意味信仰に近いパワーゲーム論が長らく国際政治のなかで主流であり続けた。勿論、その呪縛から解放されず、軍事化を極力抑制して民需に圧倒的比重を置こうとする国家もあれば、民生充実を後回しにして敢えて兵器生産を優先し、国家としての尊厳や正統性を確保し、それを担保として国民統治に奔走する国家もある。

そうした中で、北朝鮮には米韓合同軍事演習と核戦力による恫喝をかけ、韓国には韓米同盟の履行を迫る。つまり、アメリカは南北朝鮮を同じ「鳥の籠」に押し込めていると形容できる。

韓国の政府も国民も実は強く認識しているのが、アメリカは南北朝鮮分断の固定化が自国の利益に叶うと考えていることだ。戦前期朝鮮は日本による植民地支配を受け、戦後は南朝鮮がアメリカによる、事実上の〝植民地支配〟（新植民地）を受け、それを担保するものとして米韓安保・米韓地位協定を締結している。

その結果として、韓国国内には龍山《ヨンサン》基地（ソウル市）・ハンフリーズ基地（平澤《ピョンテク》市）・群山《クンサン》基地（群山市）・烏山《オサン》基地（ソウル市）などの大基地群が存在する。

米朝間で現在、焦眉の課題となっているのが休戦協定の扱いだ。ここで確認しおきたいのは、最初に休戦協定を潰したのは、他でもなくアメリカであったこと。休戦協定第13節d項には、南北朝鮮が損傷を受たり、使い古した装備の再配備以外には朝鮮に新しい武器を持ち込むべきではないと規定されている。

つまり、事実上、核兵器とミサイルの持ち込みを禁じていた。ところが、一九五六年九月、アメリカのアーサー・W・ラドフォード（Arthur William Radford）統合参謀本部議長は、アメリカ政府内部でアメリカの軍備増強として朝鮮に核兵器を持ち込むことになると主張、アイゼンハワー大統領の承認を得た。

さらに一九五七年六月二十一日、在朝鮮国連司令部軍事休戦委員会の会合でアメリカは朝鮮の代表団に国連軍（UNC）は、もはや休戦協定第13節d項に対する義務を負わないと表明した。その結果、一九五八年一月、W7などの核砲弾が発射可能のMGRI（オネスト・ジョン）、W9・W31核砲弾発射可能のM65二八〇ミリカノン砲が韓国に配備された。その後、北朝鮮からは平和協定締結への提案が繰り返されている。

続いて一九七〇年代の朝米間平和協定締結案、一九八〇年代の韓国を含めた米朝韓間三国による平和協定案、一九九〇年代の新しい平和保障体制樹立提案、二〇〇七年十月四日に停戦協定関係国が集い、戦争終結を宣言する問題を推進することについての提案、二〇一〇年十一月十一日の朝鮮戦争勃発六十年になる年に停戦協定を平和協定に変更するための会談を速やかに開始することについての提案、そして、二〇一三年三月六日、朝鮮人民軍最高司令部スポークスマン声明である「休戦協定の効力を全面的に白紙化する」との宣言へと続く。

この間にも、アメリカは弾道弾迎撃ミサイル・システムであるTHAADサイル配備に至るまで、アメリカは核兵器やロシア・中国・朝鮮を対象とした攻撃・迎撃兵器を朝鮮半島および日本を含め地域周辺に大量に持ち込み続けた。

こうした朝鮮半島への核の持ち込みに、北朝鮮はアメリカへの警戒心と不信感を募らせる結果となり、核武装防衛戦略を採用することになった。この間にも南北朝鮮間の軍事衝突も頻発する。例えば、二〇一〇年三月二十六日、真相は定かではないものの韓国海軍の大型哨戒艦「天安《チョナン》」沈没事件、同年十一月二十三日の朝鮮人民軍の多連装ロケット（BM21、朝鮮名BM11）によると思われる砲撃が、韓国領土内の延坪島《ヨンピョン》に向けて発射され、韓国軍も応戦した事件などである。

つまり、北朝鮮の「先軍政策」と言われる軍事優先の政策の根底には、休戦協定を実質否定するアメリカへの不信と、これに連動する日本政府の動きへの反発があるのである。言い換えれば、ミサイル開発と発射実験は、日米の対北朝鮮政策が招来したものと言える。

脅威の根源は、北朝鮮の政策でもましてやミサイルに象徴される兵器の開発の配備ではなく、日米の対北朝鮮政策にある。その意味で北朝鮮の〝脅威〟とは虚妄であると言わざるを得ないのだ。だとするとこの虚妄の〝脅威〟に対抗するにイージス・アショア配備の配備とは、為にする配備であって、過剰防衛というよりまさに捏造《ねつぞう》に近い措置と言える。

3　緊張緩和に逆行する配備計画

(1)　アメリカの変化は本当か

この間、米朝首脳会談が相次ぎ実施された。シンガポール、ハノイ、そして南北朝鮮の非武装地帯にある板門店《パンモンジャム》である。実は日本は、アメリカがダイナミックに方向転換しようとしていることを正面から受け止めようとしていない。

安倍政権は、勿論今後とも紆余曲折が予測されたとしても米朝の主脳が三度も会談の場を持ったことは動かしがたい事実である。アメリカ国内にも、政府関係やメディア・世論のなかで、この三度の首脳会談の評価は分かれている。しかし、アメリカが従来の北朝鮮への戦争発動計画を棚上げし、アメリカの強い主導による南北朝鮮統一路線に舵を切ったことは間違いない。

特に二〇一九年六月二十八日から大阪で開催された二〇カ国・地域首脳会議（G20サミット）出席後、二十九日に韓国入り。翌三十日午前中に、文在寅《ムンジェイン》大統領と会談し、北朝鮮の非核化問題や韓米同盟の強化策などを話し合った。午後の共同会見終了後、共に南北の軍事境界線に接する非武装地帯(DMZ)を訪問した。その後、衆目の充分に予測できなかった北朝鮮の金正恩《キムジョンウォン》国務委員長(朝鮮労働党委員長)と板門店の韓国側施設「自由の家」で、三回目の米朝首脳会談を行った。会談前には金委員長と板門店の南北軍事境界線上で握手した後、共に北側に入ってから韓国側に移動した。

この折に特に注目されたのは、この南北朝鮮軍事境界線の場でアメリカと南北朝鮮の三首脳が一同に会したことだ。この折、トランプ米大統領は南北境界線(三八度線)を跨いで北朝鮮側に入った。勿論、南北分断以後、アメリカ大統領が北朝鮮に入ったのは初めてのことだ。トランプ大統領は、これを「歴史的瞬間」と明言した。その越境行為は単なるパフォーマンスではなく、現在においても国際法上戦争状態にある米朝が事実上の「終戦」を宣言したに等しい行為と受け止められよう。国際法上の手続きを済ませていないゆえに、境界線を跨ぐ程度で終戦とはなり得ないが、米朝首脳が共同して「終戦」への意思を示した点で、まさに「歴史的瞬間」であった。

これに呼応するかのように、朝鮮戦争の事実上の終戦宣言を促す動きがアメリカ連邦議会の下院で実現したことも極めて重要なアメリカ国内での動きだ。

すなわち、二〇一九年七月十一日、米国下院の「二〇二〇年会計年度国防権限法案」(H.R. 2500 – National Defense Authorization Act for Fiscal Year 2020 : NDAA)に「外交を通じた対北朝鮮問題の解決と朝鮮戦争の公式終結を促す決議」条項が追加されたのである。

これは勿論、アメリカ連邦議会では初めてのことだ。

これは下院のロー・カンナ議員とブラッド・シャーマン議員が共同発議し、国防権限法修正案（NDAA amendment 217）として提出されたもので、賛成多数で可決された。カンナ議員は「超党的努力で北朝鮮との対決状態を終息させ、平和を求める時が来た」とし、朝鮮と交戦することになれば数十、数百万の人々が死ぬことを強調、外交的対話を通じた解決策を訴えたのである（『高麗ジャーナル』二〇一九年七月十二日付）。

従来から対北朝鮮政策では強行姿勢を一貫して崩していなかった議会の一角で、こうした動きが出てきたこと自体、アメリカも変わり始めている証左である。

(2)　柔軟路線敷く北朝鮮の動き

勿論、絵に描いたようには事は進む訳ではないが、この会談で北朝鮮の非核化をめぐる交渉が本格起動することになった。しかも、米朝交渉では北朝鮮側が新たな陣容で臨むことになったとされる。つまり、従来の北朝鮮金英哲《キムヨンチョル》朝鮮労働党副委員長を中心とする統一戦線部から、外務省が窓口となることになったことも注目される点だ。同氏が対米交渉においては最強硬派の人物であり、これまでにも米朝間や南北朝鮮間に繰り返し緊張状態に追い込んできた人物であることは周知の通りである。

これはアメリカのポンペイオ国務長官が明らかにしたもので、北朝鮮側は、これまで比較的穏健派に属するとされ、積極的に南北朝鮮統一に向けて動いてきた李容浩《リヨンホ》外務大臣か、その下で数多との外交交渉の場で手腕を発揮し、金委員長の信頼が厚いと云われてきた崔善姫《チェソンヒ》外務次官のいずれかになるという。

どちらが前面に出るにせよ、要は軍との関係が強い統一戦線部から外務省主導へと、今後の米朝会談の在り方が大きく変化してくるのは必至であろう。そこまで北朝鮮が本腰を入れ始めているということだ。

加えて二〇一九年末までに四回目の米朝首脳会談も予測されるに至っている。四回目の会談が実現するまでには、双方での駆け引きが一層強まることは必至で、少しでも自国に有利な状況下で会談開催を実現したいのはお互い様である。

アメリカのトランプ政権は、来年から始まる大統領選挙や米中貿易の対立があり、南北接近による統一への展望に熱い姿勢を送り続ける文政権時代に韓国との関係を改善しておきたいと考えていよう。

さらにここにきて、従軍慰安婦問題や徴用問題などの歴史問題、今回の韓国が日韓の軍事情報包括協定（General Security of Military Information Agreement：GSOMIA）を破棄に象徴される日韓軍事連携に齟齬《そご》が生じる間隙を縫って、北朝鮮が韓国との非軍事的共同体制構築に拍車をかけることになろう。

このように現在、北朝鮮が暴発して日本に向けてミサイルを撃ち込むような軍事的冒険に走る理由は絶無である。北朝鮮の長距離核ミサイル（大陸間弾道弾）を開発配備したとしても、すでに米朝関係の進展を阻害するような振る舞いは全くする必然性がない。

同様に短距離ミサイル発射実験を繰り返し、新型ミサイルの開発に奔走していたとしても、現実に日本を射程に据えて実際にミサイル発射に及ぶことも、また皆無である。であるならば、一体全体何のためのイージス・アショア配備なのか、その配備理由は希薄となるばかりである。

それでも安倍政権がイージス・アショア配備に拘る理由があるとすれば、それは唯一アメリカとの同盟関係を堅持すること、そのためにアメリカの武器輸出攻勢に唯々諾々と従うしかない、と読み込んでいることだ。それは決して、日本国家や国民の安全を担保するためではないのである。

むしろ私たちは北朝鮮との国交を樹立し、韓国とも未決の歴史問題を解決することで南北朝鮮和解に側面から支援し、統一朝鮮の登場に助力を惜しまないことである。そのことが歴史問題の解決に繋がり、同時に日本国家と国民の安全を担保することになるからである。

その意味からもイージス・アショア配備は、日本の外交防衛の展開に柔軟性を欠落させ、アメリカとの二国間軍事同盟に縋り続けることで、逆に日本の安全保障を棄損する結果にもなってしまうことを自覚すべきであろう。

アメリカ、北朝鮮、韓国の三国は現在、従来見られなかったほどドラスティックな動きを見せている。それだけに反動も起き易くもなろうが、中長期的なスパンで見た場合、そこに大きな前進の軌跡を見出すことは、いずれ容易となるであろう。その時を座して傍観するのではなく、日本独自の平和外交を展開し、日韓朝歴史和解の道標を果敢に示していくことが肝要である。

(3)　活発な中ロ両国の平和攻勢

最後に東アジア地域の平和安定を探る、ある意味では大胆な動きが中国とロシアに見られる点に触れておきたい。

それは中ロ両国の東アジア地域への覇権拡大の一環である、とするコメントが付き纏う。覇権の意味をどう解釈するかにもよるが、確かに覇権拡大であろう。ただ、覇権拡大がそのまま軍事的膨張とは捉えられないことも注意点である。すなわち、覇権拡大と平和攻勢とは表裏一体のものでもあることだ。覇権拡大の行為が直ちに戦争や圧力とは繋がる訳ではない。

ここで強調しておきたいことは、この間のトランプ米大統領と金正恩国務委員長とが会談に及んだ背景である。首脳会談が実現したのは、勿論首脳の思惑があったからだ。すでに幾つかのコメントが出されているように、とりわけベトナムのハノイ会談で躓《つまづ》きがあった後、中国とロシア、そして北朝鮮が連携して板門店での第三回目の首脳会談を演出した。

具体的事実に追って言えば、二〇一九年四月二十四日、金委員長がロシアを訪問しプーチン露大統領と首脳会談。続いて、六月五日に習近平《シージンピン》中国国家主席とプーチン露大統領の首脳会談、さらには六月二十日からの習近平主席の訪朝と金委員長との会談などが相次いだ。まさに「中露朝三国結束」が益々強化されていることを、トランプ米大統領に見せつけた訳である。

そこでの議論の内容は明らかにされていないが、少なくとも確かなことは、平和路線（段階的非核化路線）を世界最大の核保有国アメリカに飲ませることが目されていることだ。

トランプ大統領とて、一頭地を抜く軍事力を誇示するアメリカでも、ロシアと中国が軍事的紐帯の度合いを強めている点には注意を払っているはずだ。アメリカ単独主義を説く勇ましい言葉とは裏腹に、現実問題としてアメリカにとって不利な状況が生まれてもいる。

中ロは北朝鮮にも即時核放棄は迫らざるとも、文字通りアメリカの動きを牽制しながら段階的非核化を目指すことは充分に約束させており、北朝鮮も十分に了解しているはずだ。

そうした中ロの動きに突き動かされてトランプ米大統領も朝鮮戦争の事実上の「終結宣言」を演出することで、朝鮮半島問題の解決の主導権を手放したくはなかったのであろう。それゆえ、随分と手の込んだ演出に及んだ、というのが真相であろう。

楽観は許さないが、アメリカもここで言う段階的非核化路線に便乗しなければ、逆に国際社会からの孤立が待っている。別の観点から言えば、もはや中国とロシアの後押しが無ければ米朝関係の是正は有り得ないということだ。そこまで実は北朝鮮政府は読み込んでおり、それを側面から中国やロシアが全面的に支援している。そのようななかで、現在頂点に達している米中貿易問題の解決の糸口さえ摑めない米中両国にとっても、この点では相互に歩み寄りたいところだ。

また、アメリカは中距離核戦力全廃協約（ＩＮＦ）条約の廃棄を宣言し、米ロ間に新たな核軍拡競争が始まろうとしている点についても、逆にロシアとの妥協点を何処かで見定めておきたい。米中・米ロの対立状況と併行して、朝鮮半島情勢では相互に譲歩することで全面的衝突を回避したいとする戦略的配慮が動いてもいいよう。

以上の米ロ中に韓国と北朝鮮の間には、経済的かつ政治的なレベルでの対決と軍事的レベルでの譲歩という内実を共有することで全面的対立に発展させないという意味での抑止戦略が起動していると考える。

そうした観点からも、いまや北朝鮮のミサイルがアメリカ本土に向けて発射される可能性も日本に向けて恫喝のためにミサイルが運用されることも、もはやあり得ないのである。

先般、韓国が日韓関係が軋轢を増すなかでGSOMIAを廃棄するに及んだ。これも軍事的緊張緩和の条件が、少なくともアメリカと日本を除く中国・ロシア・韓国・北朝鮮との間には醸成されつつある、一つの証拠とも解釈可能であろう。

そうした軍事的緊張緩和と段階的非核化路線を日本も率先して受け入れていくことが平和憲法を頂き、かつての朝鮮植民地支配によって数限りない痛苦を与え続けて韓国・北朝鮮国民へのあるべき姿勢でもある。

こうした意味で、イージス・アショ配備計画は日米同盟の深化により、以上の動きと真逆の行為であると断じることができよう。

おわりに——軍事国家化を阻む一環として——

以上、小論で論じてきたことを以下の四点に要約して結論としておきたい。

第一に、南北朝鮮及び周辺諸国では、軍事的緊張関係の緩和に向かって、確実に動きだしていることだ。

イージス・アショア配備計画の根拠としての、安倍首相が繰り返す「東アジアの安全保障環境の変化」は、本論で分析したように、その状況変化を積極的に読み込もうとしないものである。アメリカもこれまで朝鮮半島における軍事プレゼンスを正当化するために北朝鮮脅威論を振りかざし、経済制裁の強化と継続を主張してきた。日本政府もアメリカに追随することが日本の安全保障に結果するとしてきたが、その論拠は希薄化している。

朝鮮戦争以後、休戦協定における核兵器の朝鮮半島への持ち込み禁止の約束を最初に反故にしたのはアメリカであり、北朝鮮はその核兵器及び韓国・日本周辺に展開するアメリカの核戦略にこそ長年脅威感情を抱き続けてきた。

その脅威感情を削減し、核攻撃を抑止するために核兵器開発に注力してきた北朝鮮である。その財政的な限界も見え始めている。そうした限界に近づきながらも、北朝鮮は朝鮮半島周辺からの核戦力の脅威がなくならない限り、核兵器放棄には踏み込めないでいる。

第二に中国とロシアの段階的非核化路線が、アメリカと北朝鮮との非対称的ではあるが核の鬩《せめ》ぎ合いの流れに歯止めを掛け始めていることだ。

この現実を先ずはアメリカも日本も認識すべきだ。アメリカは、その点で段階的であれ北朝鮮が非核化に進むことを歓迎しているからこそ、繰り返し米朝首脳会談を行っているのである。この大きな流れを、残念ながら日本は読み込もうとしない。

第三に、従来敵対関係にあった韓国と北朝鮮の関係が根本的に変わってきたことだ。

確かに文韓国大統領の対北朝鮮政策は急ピッチである。だが、南北朝鮮は、アメリカや日本の牽制や圧力から、関係改善の方向性がなかなか確定できなかった過去の経緯がある。

取り分け李明博《イミョンバク》・朴槿恵《パククネ》両保守政権は、北朝鮮との対決姿勢の鮮明化を政権維持の基盤としてきた。そのこともあって金大中《キムテジョン》・盧武鉉《ノムヒョン》政権と同質の流れを汲む文政権であればこそ、南北朝鮮の和解への道が開けつつある。その意味では南北朝鮮統一への道標が明確となりつつある。

文政権は同時に日本の植民地支配に絡む従軍慰安婦・徴用工問題など歴史問題において対日批判を強める傾向も目立つ。その歴史問題から現在は従来には見られなかったほど、日韓関係は軋轢を増す一方である。

これもまた極端に言えば、韓国は日本より北朝鮮、さらには中国やロシアなど隣接する諸国家との連携を強化するなかで、あらたな国家戦略を紡ぎだしている。

それは何よりも二度と朝鮮戦争や植民地支配など負の歴史を繰り返さないためには、そうした諸国との連携が重要となっているとする戦略的観点を打ち出しているとも受け取れよう。そこには第二次朝鮮戦争の勃発を抑え、南北朝鮮統一を果たして東アジアにおける重要な国家としてアメリカからもまた中国やロシアからも自立した国家を形成したいとする宿願の表明である。

その意味で韓国は隣国であり同胞である北朝鮮と正面から向き合おうとしている。勿論、韓国国民が朝鮮統一で纏まっている訳でもないが、朝鮮が日本の植民地支配を起点に分断の憂き目に遭っている現実を改変したいとする思いは極めて強い。韓国にとって北朝鮮はもはや敵ではなく、共に利益を共有可能な同胞国家なのである。

このように朝鮮半島では着実に未来を切り開く動きが活発化しているなかで、依然として北朝鮮敵視政策を可視化したようなイージス・アショア配備計画は、日本の未来に暗い影を落とすものと言えよう。

第四に、イージス・アショア配備計画に反対するのは、日本の軍事国家化に歯止めをかけるための闘いであることだ。

電磁波などによる健康被害、軍事基地を設営することによる軍事的緊張の増大と戦争被害の可能性などの理由が挙げられるが、同時に基地建設の増大が日本の国家財政に一層の負担を強いる点も大きい。それ以上に日本及びアジアの安全保障環境に危険な要素でしかない行為だからである。

これに加え、山口県では県下の小野田市山陽《さんよう》地区に宇宙監視レーダー建設計画が持ち上がっている。監視レーダーは宇宙ゴミや不審な人工衛星を監視、アメリカとの情報共通を実施していこうとするもの。これは二〇一〇度の防衛予算のなかで宇宙作戦隊の結成が盛り込まれたこととも関連がある。防衛省によれば、運用開始は二〇二三年度としているが、既に地元への説明も実施され、これに抗議する動きも出ている。

イージス・アショア配備や宇宙監視レーダー配備の軍事計画が相次ぐ現状のなかで、総じて日本がアメリカの軍事下請け国家となり果てていく現実に歯止めをかけるためにも、秋田県と山口県の両県へのイージス・アショア配備計画を阻むことは、焦眉の課題である。徒に日本の軍事化に拍車をかけ、北朝鮮を含め、近隣アジア諸国との深刻な軋轢を増幅させかねないからだ。

沖縄や岩国、三沢をはじめ、日本各地に存在する米軍基地や自衛隊基地が本当に日本国民の安全を担保し、国際平和に貢献するものかを吟味しながら、改めて反戦平和への陣形を広げていく時に来ているのである。

第三章　イージス・アショアの電磁波強度と関連する問題点

荻野晃也

はじめに

二〇一七年末に突如として安倍首相が、日本にも「イージス・アショア」を二カ所で建設することを発表した。今まで「イージス艦」はあったが、「イージス・アショア」という言葉を初めて知った人が多かったようだ。設置予定地は秋田県・秋田市にある「陸上自衛隊・新屋《あらや》演習場」と、山口県・萩市と阿武町の「陸上自衛隊・むつみ演習場」が候補に上がっていて、二〇一八年度予算で調査費が計上されて同年五月には調査が開始され、六月には地元説明会も開催されている。

二〇一九年五月二十七日と二十八日には地元での「防衛省」の説明会が行われ、設置が強行されようとしている。何れの地域も近くに民家や小学校もあり、地元では反対運動が起きているのだが、「イージス・アショア」からはどのような電磁波（電波）が放射されているのだろうか。

ハワイの「イージス・アショア」の実験施設を視察した小野寺・防衛相は米軍側から「人体への影響は全くない。通信機器への干渉についても影響は出ていない」と説明を受けたそうである。ハワイの実験施設周辺の航空地図を見ると、海岸近くの立地であることは「新屋演習場」と良く似ているが、農地のみで民家はほとんどない。「新屋演習場」は秋田駅にも近く、たくさんの住宅が近接している。「むつみ演習場」は日本海から約一〇キロメートルも内陸に入った山地にあり、この様な例は珍しく、それでも近くには民家や牧場や小学校もある。どうしてこのような場所に巨大なレーダー基地を建設するのか疑問に思う人が多いのは当然だろう。

1　イージス・アショアのレーダーについて

(1)　初期のイージス・アショア

「イージス・アショア」の米国施設で有名なのは、「ＰＡＶＥ‐ＰＡＷＳ」と呼ばれる「Precision Acquisition Vehicle Entry-Phased Array Warning System：侵入物体正確検出・フェーズドアレイ警報システム」であり、ソ連（当時）からのミサイル情報を米国が一括して把握するシステムである。計画された一九七五年頃には「カリフォルニア州ベール空軍基地」と「マサチューセッツ州ボストン郊外コッド岬にあるオティス空軍基地」に設置予定だったが、住民の反対で問題化したのである。私は一九九五年に『ガンと電磁波』という本を書き、「ＰＡＶＥ‐ＰＡＷＳ」の反対運動のことも紹介していたので、このシステムのことに関心を持っていた。カリフォルニア州での設置は遅れたが、アラスカに建設された後、コッド岬に建設されたのである。

当初の「イージス・アショア」は四二〇〜四五〇㎒（メガヘルツ）の高周波を使用し、約一万個の半導体・素子の「フェーズド・アレイ（ＰＡ：位相配列）アンテナ」を装備した大きな規模のイージス・アショアで、二面構造であった。東方を中心にして米国・東海岸全域をカバーする約二四〇度の範囲を探査していて、約一八Hz（ヘルツ）の繰り返し変調・周波数で使用されていた。当時としては最先端技術であり、一五〇〇マイル遠方のフットボールまで認識できるといわれていた。レーダーは周波数が高くなるほど分解能が向上するが、到達距離は低減するので、最近のイージス・アショアは約三GHzでゴルフボールぐらいの認識力があるといわているのだが、到達距離を広げるためにどうしても高出力になる。

アレイ・アンテナには色々なタイプがあるが、一九七〇年代後半からPAアンテナのレーダー基地が中止になり始め、技術の進歩に合わせて進化して性能も改善されており、ソ連の潜水艦ミサイルや核弾道ミサイルの探知用としての役割が中心であった。ちょうど一九七〇年代後半は「モスクワ・シグナル事件」が暴露されたばかりだったので、その様な巨大レーダー基地建設への住民の反対運動も盛んになったのである。

「モスクワ・シグナル事件」とは、モスクワにある米国大使館に向かって、道路を隔てた建物から「微弱な変調マイクロ波が一九六三年から一九七五年の間に発信されていて、大使を始めとした多くの職員に異常が起きている」との事件であった。結局は曖昧な結論になったのだが、米国の高周波・規制値とソ連の規制値とでは「ソ連の方が約一〇〇〇分の一も厳しい」ことも明らかになったのである。

ソ連は一九五八年に、ポーランドは一九六一年に職業人に対する全日労働の規制値として一〇μW／㎠以下にしていたのだから、一般人の場合は更に低い値が必要だったことだろう。高周波の規制値が低くならない背景には「このような米国の軍事利用にある」と私は考えている。とにかく、「米ソの冷戦時代」にはお互いに「核弾道ミサイル」に対する「早期警戒システム」としてのレーダー網の構築に必死であり、その結果、登場してきたレーダー装置が「イージス・アショア」だといえよう。

(2)　PAアンテナ

使用されているアンテナは「PAアンテナ」で、多数の半導体素子で構成され、長方形型や丸型などの素子配列があり、長方形型ではそのメイン（主）ビームは前方方向へ大体~1度程度の狭い横幅の電波とそれよりも少し広い縦幅の電波とが発信される。丸型では数多くのPAアンテナが蜂の巣の様に前方に向けられ、数度前後の狭いビームが放射される。ミサイル基地位置がハッキリしている時は、より狭い幅で探査することだろう。

「イージス・アショア」の表面には小型アンテナが密集してズラリと並び、横に数百個、縦にも数十個以上はあるはずで、全体では五〇〇〇個以上の小さなPAアンテナ用半導体素子があると思われる。京都府・京丹後市経ヶ岬《きょうがみさき》に設置された米軍・通信所の車両式「Xバンド・レーダー」は、横に長い九・二㎡の範囲に二万五三三四本もの素子があるそうで、北朝鮮のミサイル基地監視であることは明らかである。北朝鮮が移動式ミサイルや同時に多数打ち上げるミサイル実験を公開しているのも、そのような「Xバンド・レーダー」に対する反応である。

日本に設置が計画されている「イージス・アショア」は、すでに米国本土以外にルーマニアやポーランドに米軍の費用で設置されていて、いずれも米国レイセオン社製の「SPY-6」だが、日本ではなぜかロッキード・マーチン社製の「LMSSR（Lockheed Martin Solid State Radar：ロッキード・マーチン・半導体レーダー）」を選択したわけで、それを巡っての色々な疑惑も指摘されている。「LMSSR」はまだ構想段階で製造実績もなく、その構造に関する内容も全くわからない。実験施設が米国に出来た段階で、日本側が責任を持って装置のテストをするそうだが、その費用も日本持ちだそうだ。しかし「ＳＰＹ‐６」も「ＬＭＳＳＲ」も「ＰＡアンテナ」を使用しているはずで、ここでは電磁波強度を問題にしているので「イージス・アショアのＰＡアンテナ」のことを中心に議論する。

⑶　米国ミサイル迎撃システムに組み込まれることに

イージス・アショアは約三GHzだからアンテナの長さは五〜一〇cmぐらいで、その様な多数の半導体素子がコンピュータ制御の電気信号で操作される。その並列した回路の概略を示したのが図1である。

この様な方式は「ＥＳＡ（Electronically Scanned Array: 電子走査配列）方式」と呼ばれていて、グループで送受信を行う能力の低いパッシブ型と一つ一つのアンテナで送受信を行う能力の高いアクティブ型とがあり、日本はアクティブ型（ＡＥＳＡ）を選択している。ケープコッドのＰＡＶＥ―ＰＡＷＳレーダー電波の平均強度と波形とを図1に示した。平均強度が広範囲に広がっていることがわかる。また、送信波形には「トリプレット」「ダブレット」「シングレット」の三種類があるようで、極低周波で変調した波形であることがわかる。この様な極低周波のパルス波形は、緩い波状のアナログ波形よりも危険性が高く、その波形の立ち上がり部分の急激な変化が細胞などの組織に大きな変動を与えるからである。そのことから、この様な波形のレーダー波の危険性は「パルスの最大強度」で考えられるべきなのだが、時間で平均した「平均強度」で結果を示す

図1　ケープコッドPAVE-PAWSレーダー電波の平均強度とパルス波形

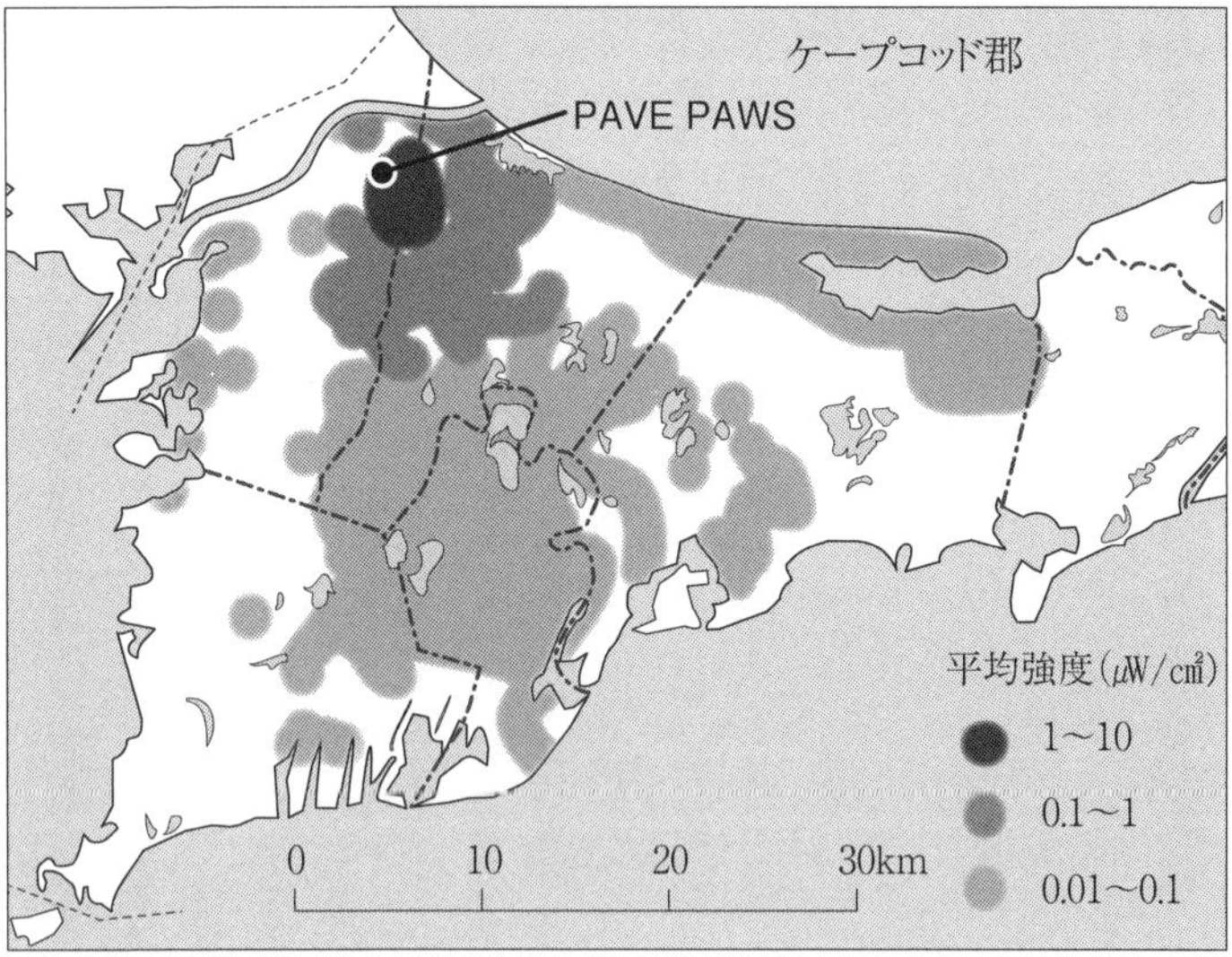

「NAS Engineering Medicine（2005）」の国をわかりやすく表示した（図5も参照のこと）。

パルス波形：ダブレット、トリプレット、ナロウ

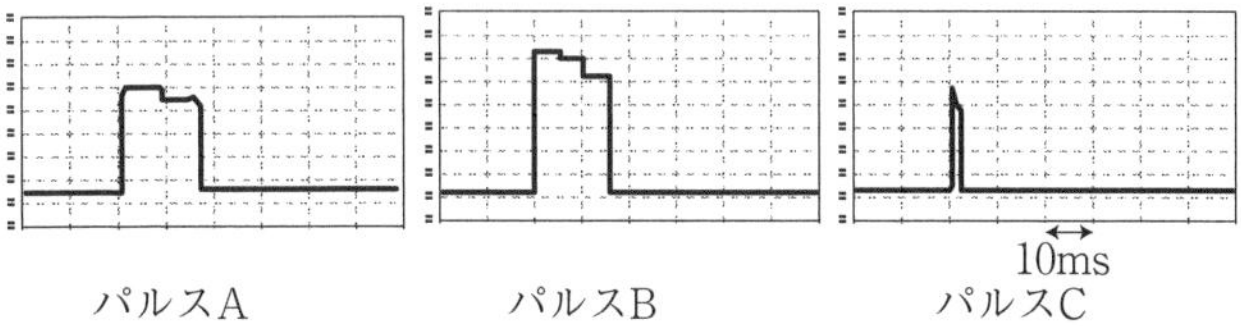

図２　フェーズド・アレイ（PA）アンテナ

電波は位相器で合成・加算される（電波1cm走行が40ピコ秒＝$4x10^{-12}$秒）

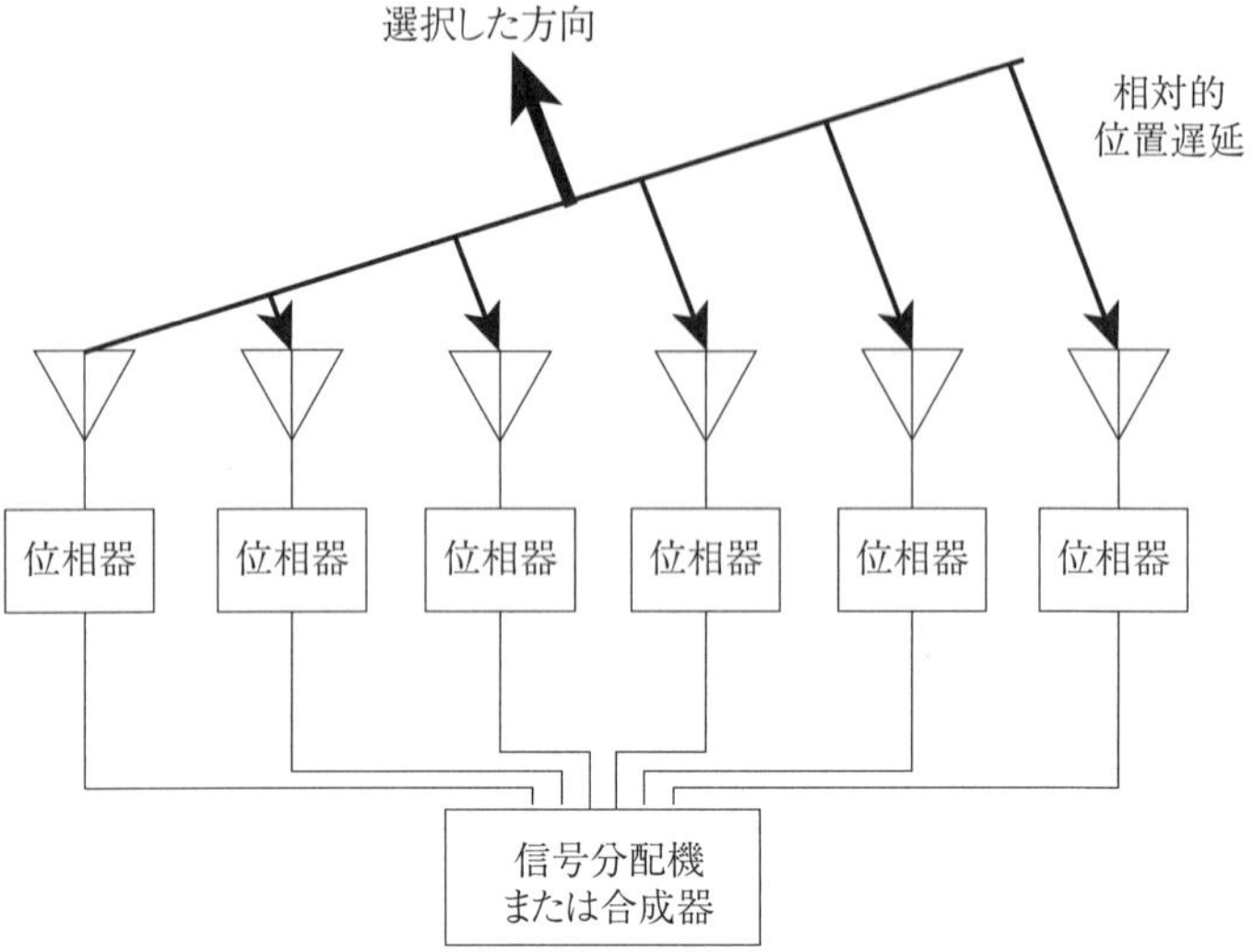

フェーズドアレイアンテナは多数のアンテナ素子で構成され、各素子は個々に制御される位相器に接続されている。位相器は、選択したある方向からの到来信号の位相が信号合成器において同相加算されるように。

ことが行われることも多いのは、「熱上昇効果」のみを考えているからであり、注意する必要がある。

　アンテナからの電波の位相（波形の時間ずれ）を図２の様な回路で微妙に少しずつ変化させて揃え、共振状態にすることにより、幅の狭い鋭い電波を得ること出来るわけで、回路を通過する電流は線長約二五cmで一ナノ秒（ns）＝10^{-9}秒かかるから、多くの素子の位相を揃えるには更に一〇〇〇分の一以下の精度が要求されると考えられるので、相当な技術が必要であろう。

　PAアンテナでは、この様

な回路操作を大型コンピュータで行うことで、発信方向や幅や強度を変えるので、パラボラ型の様に回転させる必要がなく「時間ロス」を少なくして探査できるという利点もある。

また、高周波は水に吸収され易く、地球は丸いので、四〇〇ｍの高さからでも沖合七〇㎞ぐらいまでしか地平水面に電波は届かない。それでは潜水艦からのミサイルに対応するには時間が短すぎるので、水面下をもある程度は透過する探査方法が研究され、水にも吸収されにくいような極低周波変調技術が開発されているそうだ。それでも、一〇〇〇㎞以遠のミサイルを発射時から知ることは困難なので、まず人工衛星の赤外線センサーなどで発射をキャッチし、その上で、イージス・アショアで追跡し、更にイージス艦やＴＡＨＡＤ（Ｘバンドレーダー）に引き継がれるわけである。日本に米国製の「イージス・アショア」が設置されると、そのデータが米軍にも提供されるはずで、いわば米国の「ミサイル迎撃システム」に組み込まれることになると思われる。

⑷　後方への電磁波の漏洩

ＰＡアンテナでは「メイン（主）ビーム」以外に「サイドローブ」と呼ばれる横方向や縦方向の電波が後方にまで漏洩してくるので、その電磁波強度が問題になる。メインビームが強いのは当然だが、その脇にあるのが「サイドローブ」で、その関係を図３に示した。メインビームがＰＡアンテナ設置面の垂直方向（θ＝90度）であれば、メインビームも鋭くサイドローブも大きくなることがわかる。もちろん、個々のアンテナから放射されるビームの一部が鋭いメインビームになるが、残りのビームは周辺に放射されることになる。その範囲は方向角度にもよるが、メイン

図3　フェーズド・アレイ・アンテナ（PAアンテナ）の指向性

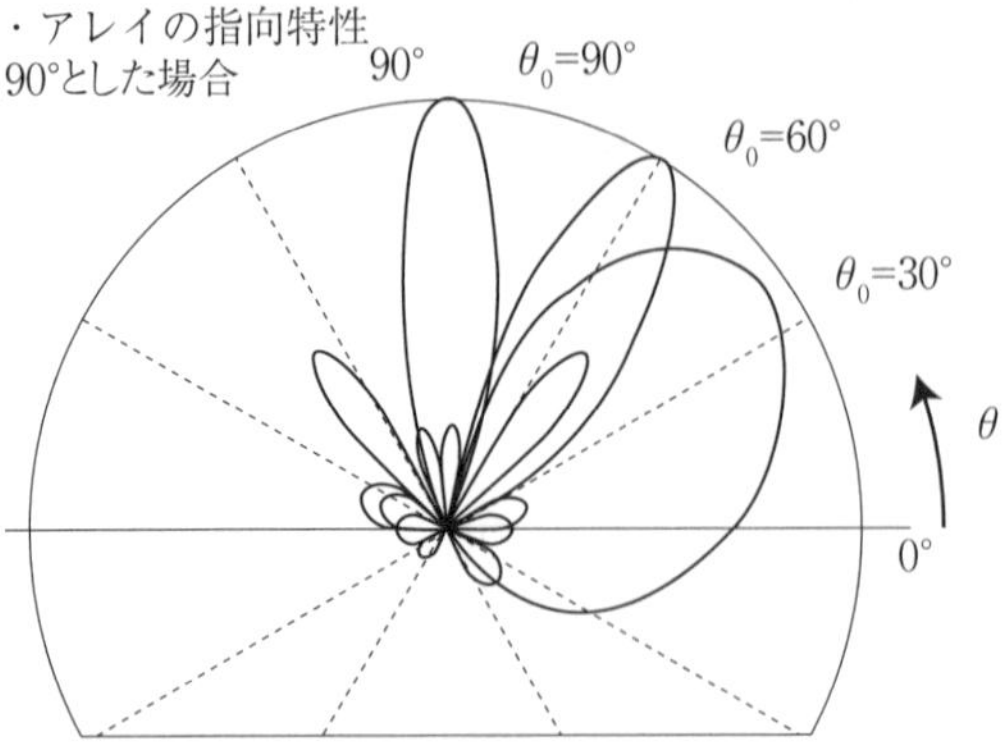

前方（90°）がシャープなほど「サイドローブ」は強くなる。
後方になるほど電波は広がり「サイドローブ」は弱くなる。
北朝鮮の固定ミサイル基地を標的にする場合は、遠方なので、Nを大きくしてシャープにするはず。

『電波・アンテナ工学入門』（築地武彦著）より引用

ビームの左右一五から二〇度程度と考えて良いだろう。

図3の中のサイドローブは最初の一つだけが示されているが、同じような強度のサイドローブが後方角にも幾つも現れてくる。位相に誤差があると、この「サイドローブ」が大きくなるし、メインビームが鋭く大きくなればなるほど、「サイドローブ」も大きくなる。

「イージス・アショア」は、遠方のミサイルを補足するために、幅の狭い鋭いメインビームを放射するのだから、この「サイドローブ」も大きくなるはずである。また、設置面の垂直方向（九〇度）から離れるほどメインビームの強度やビーム幅が崩れて、測定精度が悪くなるので垂直面から±四五度以内で操作するのが良い様である。PAアンテナの数をNとすると、経験などから

図4　メインビームが45°の時のサイドローブの分布と強度

ブラジルのフェーズド・アレイ・アンテナの例（N＝40の場合）
（RSLL：相対的サイドローブ・レベル）

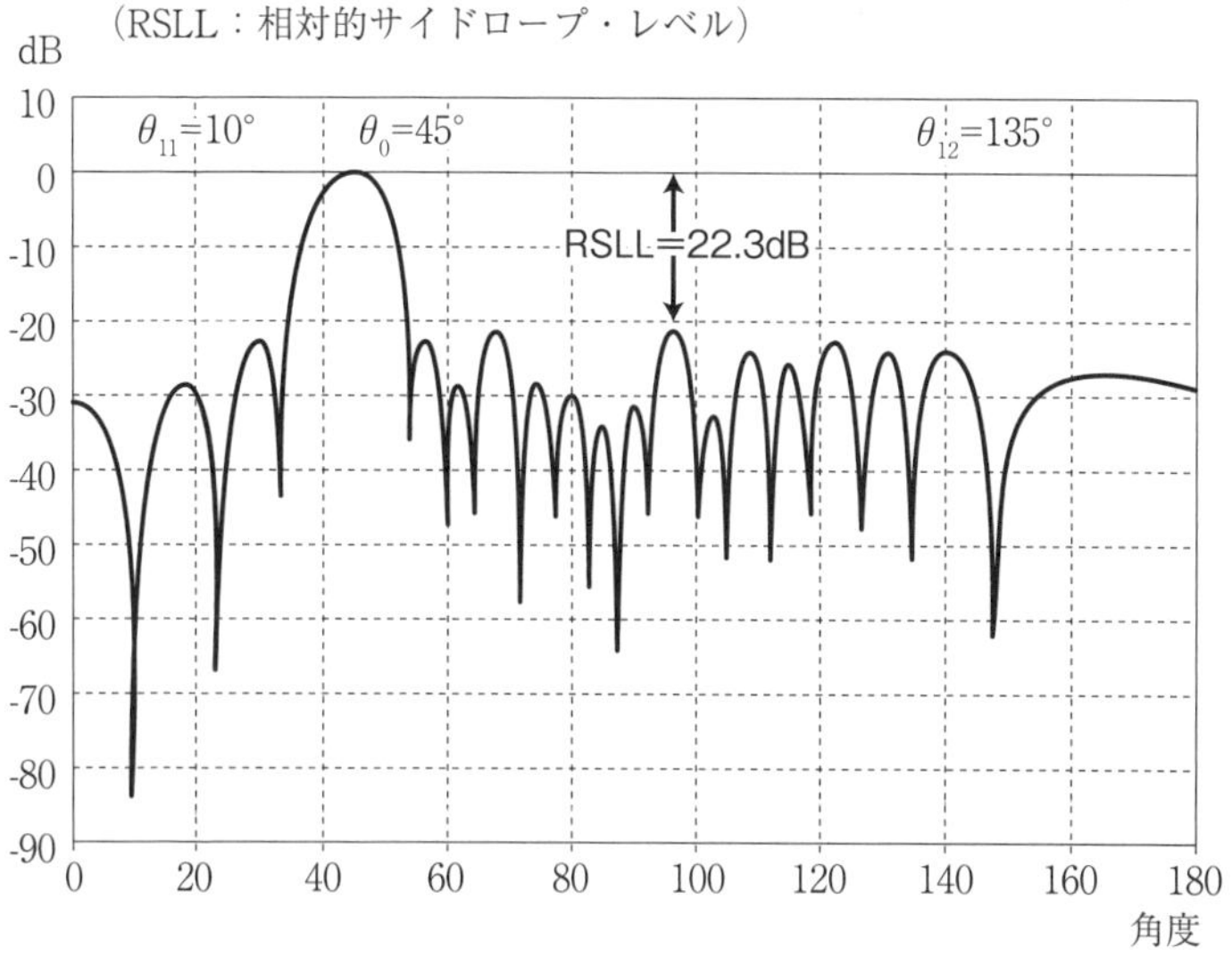

「シルバ論文（2004年）」より引用

104／Nでメインビームの角度が決定されるといわれている。

　メインビームが四五度の時に、Nが40の場合のサイドローブがどの様に分布するかを示した一例が図4である。条件にもよるが、設置面は一八〇度幅あり、遠方角度にまでサイドローブが広がっていることがわかる。

　図中のサイドローブの低減強度が「RSLL：相対的サイドローブ・レベル」だが、「RSLL =22.3dB」なのでメインビームの約一〇〇分の一程度の強度に相当する。

　サイドローブがあるとノイズも高く効率も悪くなるので、低減化の研究も進められている。サイドローブの大きさやその分布状況は、メインビームの方向や幅、使用される素子数や素子間の間隔や位相のずれなどに左右されるのだが、素子に故障があれば「グレーティング・ローブ」と呼ばれる強い電波が後方角に拡散することもあるのでその対策も必要である。

(5) 建設にロシアや中国が強く反対

イージス・アショアのアンテナ装備面が二〇度ぐらいに少し上向きに設置されている場合が多いのは、重要な方向へ放射を優先することとアンテナから放射されるビーム幅を考えているためと、上空のミサイルを追跡し続けるためである。一見すると、いかにも「二〇度方向へのみ」アンテナ面が向いているように思われるかも知れないが、「ＰＡアンテナ」では発信する電波の方向を上下・左右に自由に変更することが可能である。一般にはピラミッド型の構造の内の三面構造が主流で、後方面には操作用建物やミサイル発射格納庫などが設置されることが多い。イージス艦やＸバンド・レーダーも同じようなＰＡアンテナであるが移動式であり、遠方でのミサイル捕捉の精度に問題があるために、地上設置型の大型の「イージス・アショア」が必要になったのであろう。

また、Ｘバンド・レーダーの際にはなかったことであるが、イージス・アショアの建設に対しては、ロシアや中国が強く反対している。Ｘバンド・レーダーの捕捉範囲は一〇㎓で一〇〇〇㎞程度までだが、イージス・アショアは約三㎓で約三〇〇〇㎞程度までなので、日本が米国の支援をしているとしてロシアも中国も無視できなかったのであろう。

2　周辺の電磁波強度について

(1)　イージス・アショアの電磁波の測定値

「イージス・アショア」はメインビームがピークで約五MW（五〇〇万ワット）相当で、平均でも三五〇kWだそうである。とても強いわけだから、あらゆる方向に出ているサイドローブ強度を無視するわけにはいかない。いずれにしろ、イージス・アショアの電磁波強度が地上でどの程度なのか……ということが重要である。

オーストラリアの軍艦のレーダー強度の測定論文によると、水平方向から三〇度ほど下向きで「約一〇〇分の一」程度であったことからも、サイドローブはメインビームの約一〇〇分の一程度と考えて良いだろう。「イージス・アショア」周辺の測定値として、公開されているのは、私の知る限りはボストン郊外の「イージス・アショア」周辺での「マサチューセッツ州の為のブロードキャストシグナル研究所・報告書（二〇〇七年十月）」のみなので、それを図5とした。いずれも最大電力束密度で、図中の「×」は米軍の「定点測定値」で、「クロ丸」が「研究所による比較測定値」である。横軸が基地からの距離（km）で、縦軸の右側に「μW／cm²」単位での強度を私が換算して示した。図5の三〇km地点にある「×」の高い数値が何なのかの説明がないのだが、別のレーダーからの寄与なのか、すぐ近くに携帯電話基地局があるからなのかも不明である。

その測定値によると、一〇km離れた場所で初めて〇・一μW／cm²に低下していて、約三kmの位置

図５　PAVE-PAWS周辺の最大電磁波強度と距離（定点測定と比較測定）

どちらが信用できるのか？　30km地点の高い値は何故なのか？　ザルツブルク州（オーストリア）の屋外での規制勧告値は0.001μW/㎠

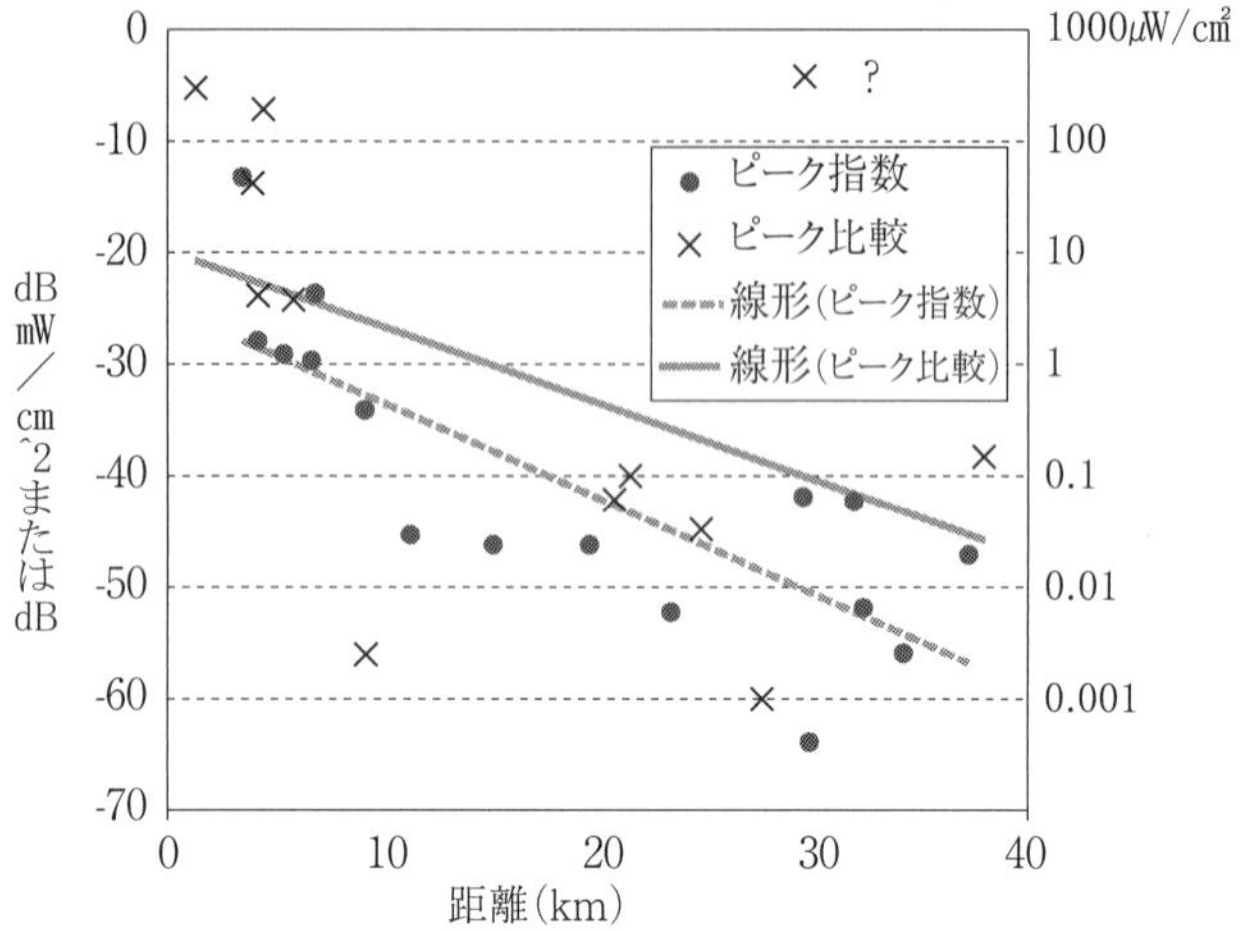

では一〇〇μW／㎠を超える可能性もあり、一〇km程度までの用心が必要である。日本の高周波の規制値一〇〇〇μW／㎠以内におさまるだろうが、〇・一μW／㎠でも強い強度であることを知って欲しいものである。

(2)　アンテナ面の構造も重要な問題点

イージス・アショアのアンテナ面が何面構造なのかも重要な問題点である。一面当たりで±六〇度幅カバーなのか、それより広いのか狭いのかという点も重要で、良く使用されている一面当たり±六〇度幅カバーだとして、それが二面構造であれば二四〇度カバーになり、サイドローブもかなり後方にまで来ることになる。ハワイのイージス・アショアの写真を見ると、二階建てで三面構造になっているが、メインビームが直接には来ないとしても、発射される際のアンテナ周辺の付随強度や後方角のサイドローブ強度が問題になることだろう。

3　Xバンド・レーダーについて

青森県・航空自衛隊車力《しゃりき》分屯基地に続いて、京都府・京丹後市経ヶ岬に米軍が設置した「米軍通信所：Xバンド・レーダー」は米国レイセオン社製の「TAHAAD：TRY—2レーダー」であり、一面のみで横に細長く、そのPAアンテナは多数の半導体素子で前方方向へ狭い幅の電波が発信される。隣り合ったアンテナの数をNとすると、経験則らしいのだが、ほぼ「送信レーダーの角度（度）＝一〇四／N」で、最終的な送信電波の幅が決まるとのことだ。「Xバンド・レーダー」では「数mm幅・数cm長のアンテナ素子」を約一cm（半波長）間隔で並べているはずで、$4.6 \times 2 = 9.2m^2$の範囲に何と二万五三四四本ものアンテナ素子があるそうで、横幅〇・三度、縦幅一・二度程度のレーダー電波を放射しているようだ。

この通信所は自衛隊基地の横に米国の希望する場所である民有地を防衛省が借地にして、議論されることも少なく設置が進められたわけで、米国としても最高機密の「PAアンテナ」が使用されたはずである。Xバンドレーダーのデータは米国を守る為であり、日本に二カ所の高性能なイージス・アショア基地が出来れば、米国にとっても最前線にミサイル迎撃基地が出来るわけである。すでに二〇一八年十月には、神奈川県相模基地内に米軍はミサイル防護のための新司令部を設置しているし、経ヶ岬・米軍通信所（Xバンドレーダー基地）内にも宿舎などの建設が現在進められていることから考えても、米国のイージス・アショアに対する期待が大きいのではないか。

京丹後市では、医療用・災害用の緊急ヘリコプターの周辺移動も「米軍の事前許可」が必要で、幅一八〇度の前方六km以内が飛行禁止区域になっている。二〇一八年五月には「米軍のレーダーが停止しなかった」ために「ドクターヘリの搬送」が遅れたそうである。Xバンド・レーダーからの送信平均出力は八・一万ワットでパルスでは更に高いだろう。電力束密度は、京丹後市の報告では「電磁波強度が全ての地点で〇・〇〇mW／cm²以下」とのみ発表されているが、一〇μW／cm²以下の強度を無視している。レーダーは海岸の岸壁の上にあり、海上の前面周辺を丁寧に測定していないのも問題で、京丹後市がサイドローブのことを知っているのかどうかも疑問である。

4　イージス・アショアの電磁波について

(1)　常に極低周波で変調されたパルス状の高周波に被曝

イージス・アショアが日本を守るのなら、出来る限り海面に近い方向に向ける必要があるが、米国を守るのが目的なら少し上空向きでも良いはずである。ボストン郊外の「イージス・アショア」は見晴らしの良い高原に設置され、当初は「上向き〇・一度」という水平方向に向けられていたようだが、現在は「二度前後」で運用されている様である。日本には「イージス艦」があるので「どこかに電磁波（電波）測定値があるのでは」と思ったのだが、公開されてはいないようだ。

イージス・アショアで使用されているPAアンテナからは前方方向へ水平に近い狭い電波が発信されるはずだが、問題なのは、その高周波が図2で示した様に、極低周波で変調されていることである。そのパルス幅は約一五ミリ秒だが、その変調・周波数は「wikipedia」によれば、一サイクルが五五ミリ秒と紹介されているので、やはり「周波数が一八Hz」という極低周波に相当し、人体への悪影響が懸念される周波数帯に相当するわけで、詳細な説明が必要である。全てが「軍事機密」だそうであるが、周辺住民は夜も昼も常に極低周波で変調されたパルス状の高周波に被曝するのだから、その様な詳細を知る権利があるはずである。

一連の報道によれば、当初は防衛省の環境調査への入札に応じる企業がなかったそうだが、最終的には「三菱電機」が応じた。しかし、実測調査に使用される「中SAM」レーダー装置は「米国・レイセオン社製のTAHAAD（TRY—2）型」と類似する「三菱重工製」であり、同じ「三菱グループ」の調査では「お手盛り結果」が出てくる様に思える。その良い例の一つが沖縄なので、そのことをも紹介しておくことにする。

(2)　沖縄・宮古島のレーダー基地

沖縄・宮古島のレーダー基地周辺で、住民の方々が測定をしておられるのだが、私が「沖縄・与那国島の自衛隊のレーダー基地」の反対運動の方に頼まれて講演に行った時に、宮古島・野原岳レーダー基地や沖縄・与座岳レーダー基地の周辺測定値がとても強いことを知ったのだった。これらもPAアンテナを使用していると思われ、敷地外で二〇〇μW／cm²を超える観測値があるのに驚くとともに、基地の島である沖縄の現実を実感したのである。野原岳は標高一〇九m、与座岳は標高一六八mで、レーダー施設も高い場所に設置されているのだが、この様な高い値が出るということは、サイドローブが強いことを示しているのではないだろうか。

沖縄の測定例で興味深いのは「レーダー停止時」と「稼働時」とで二〇一二年に自衛隊が比較測定したデータがあるのだが、レーダーに最も近い住宅路上（水平距離五八〇m）で「停止時〇・一µW／cm²」が「稼働時九・七µW／cm²」と一〇〇倍にもなっていたことと、二〇一三年に自衛隊が測定した値と二〇一六年に糸満市が委託した「NHKアイテック」の測定値とで、二カ所が同じ場所での測定値だが、後者の方の計測値が二〇・二µW／cm²と一七µW／cm²であり、実に「一〇・六倍と二八・三倍」もの大幅に高い値であったことだ。周辺住民の方々は、今までレーダー波で被曝してはいなかったのだから、幾ら法的規制値以下だとしても被曝を強制されるのは不本意であろう。また、自衛隊の測定時の写真を見ると不適切な測定器を使用していたようで、このような測定例を知ると、設置後にイージス・アショアの測定値などが防衛省から発表されたとしても、信用しない方が良いだろう。

5　防衛省の発表資料について

(1)　求められる防衛省資料の公開

二〇一九年五月二十七日に秋田県で、二十八日に山口県で、防衛省は「イージス・アショアの配備について」の「資料」を発表し（以下「資料」という）、説明会を開催した。その中に「イージス・アショアの電磁波は安全」という内容の「電磁環境調査」の結果も含まれている。その「資料」には「電磁波の強度」も報告されているので、防衛省から平成三十一年三月八日に発表された「陸自対空レーダーを用いた実測調査の細部要領について」（以下「細部要領」という）を参考にしつつ、「資料」を検討しながらその要点と問題点とを以下に指摘する。

二〇一九年五月十七日までに「受託業者から成果物を受領」して防衛省はこの「資料」を作成したそうだが、その「受託業者からの成果物＝報告書？」こそを真っ先に公開すべきであろう。そうでなければ、電磁波強度を測定した機種もその測定方法もわからないからである。税金を使用して依頼したのだから、公開する義務があるはずだが、防衛省のホームページではどこにも掲載はされていない。また、「細部要領」によれば「受託業者は三菱電機」で、いわば防衛省と身内同士みたいなものだから、自治体が中心になって「サイドローブ」を中心にして独自に「外国のイージス・アショア」周辺の測定を「信頼できる第三者機関」に依頼するべきであろう。

「中ＳＡＭ」（対空ミサイルシステム）の「ＰＡアンテナ」を装備したレーダーを現地に搬入して実測測定を行ったのだが、「中ＳＡＭ」の詳細をも「防衛省」はまず明らかにするべきである。機密を楯にして「イージス・アショア」の詳細は公表されていないが、そんな状況下で電磁波強度を議論することは本来できないはずである。「資料を信ずるかどうか」ということでしょうか。それでも、「イージス・アショア」の「机上での電力束密度」の「計算結果」が「資料」で示されているので、「中ＳＡＭ」と比較しながら私なりに推察することにした。

図6　仰角過大数値を伝える新聞記事

陸上イージス過大数値
防衛省 適地選定揺らぐ
東北9カ所

出典）『毎日新聞』2019年6月6日付より

(2)「仰角一五度問題」

秋田県の「資料」では「他の国有林の検討」をしながら「仰角一五度問題」が説明されている。立地条件として「仰角が一五度以上の山が存在する」場合は「立地が不適当」としたのである。その結果として「青森県・秋田県・山形県」から「弘前演習場」「新屋演習場」を含む二〇カ所がまず候補地とされ、その内の候補地八カ所の「仰角」が「約一五～約二〇度」であることが示され、多くの候補地が「不適」と判断された。

イージス・アショアは水平方向を含め、どの方向を必要としているのかどうかも曖昧であるが、どこを重視しているのかを知る手掛かりが、秋田県の「資料」を見るとわかる。基地の周辺三六〇度の範囲で、「日本海側ではない東方や南方周辺の山」も対象になっていることも重要である。東方ということは米国だろうから、そうであれば太平洋側にも設置する必要があるはずで、防衛

表1　仰角に関する正誤表　遮蔽に関する角度（56～57頁、64頁）

令和元年6月5日防衛省

国有地	角度	
	旧	正
青森⑤西津軽郡鰺ヶ沢町	約17°	約15°
秋田⑩にかほ市	約15°	約10°
秋田⑩由利本荘市	約15°	約10°
秋田⑫にかほ市	約15°	約13°
秋田⑬由利本荘市	約17°	約13°
秋田⑭男鹿市	約15°	約4°
山形⑮飽海郡遊佐町	約15°	約10°
山形⑯酒田市	約20°	約15°
青森⑲弘前演習場	約15°	約11°

出所）防衛省

省はどの様に考えているのだろうか。

しかし、山口県の「資料」には、秋田県の「資料」のような「一五度以上は不適当」との説明が消えてしまっている。周辺の国有林の調査もしていないし、山口県・島根県・鳥取県には海岸線に面する民家のない場所が多いので、京丹後市の「Xバンド・レーダー基地」は民有地を借り上げているのであるから、国有林にこだわる必要もないはずである。勿論、「むつみ演習場」の周辺の山は、いずれも「仰角が一〇度以下」だが、日本を守るのであれば、「水平」が望ましいはずであるから、こんな山中にある「むつみ演習場は不適当な立地」のはずである

6　「防衛省」による「仰角」の訂正

秋田県の地元紙「秋田魁新報」が「仰角が誤っており、約4度を約15度にしていた」ことを二〇一九年六月五日に報じ、六月六日の毎日新聞・朝刊も「陸上イ

ージス過大数値」「東北9カ所」「防衛省・適地選定揺らぐ」の見出しで、一面トップで報じた。その「毎日新聞」の記事を図6にした。「4度と15度」とでは大きな相違だが、そのことを知って余りにも幼稚な間違いに唖然とした人も多かったのではないだろうか。しかし、この問題は「決して単純な縮尺ミス」ではなく、やはり、何らかの作為的な背景があった様に私には感じられる。PAアンテナ面が二〇度傾斜であり、そのためにも周辺の山の高さが「一五度以下であることが必要である」ことを、ことさらに強調するためだった様に思われるからだ。多くの人は「PAアンテナ」の構造も「サイドローブ」のことも良く知らないはずだから、イージス・アショアからの放射レーダー波は、常に上空を向いていると誤解させるようにしたのではないだろうか。

(1) 何故、正確な「仰角」を公表しないのだろうか。

「本山（男鹿三山の最高峰）」の標高が「七一二m」になっていたのもおかしなことである。国土地理院の地図では「七一五m」になっているのだが、「防衛省」は日本の正式な地図を信用しないで、グーグルマップを信用したそうである。男鹿三山には本山以外に北にはナマハゲで知られる真山五六五mが、北西には毛無山六一七mがあり、毛無山・山頂には自衛隊のレーダー基地があるのだから、何故、そこを候補予定地にしなかったのかも疑問である。本山の「仰角」に大きなミスがあったのだが、以前からレーダー基地のある場所であるのに何故に防衛省が「仰角」を間違えたのか、私には理解できない。

また、秋田県と山口県との「資料」の内容に大きな差がみられて、「仰角」などや、周辺の山の

図7　新‐旧の仰角の比較（「約」の表示でプロット）

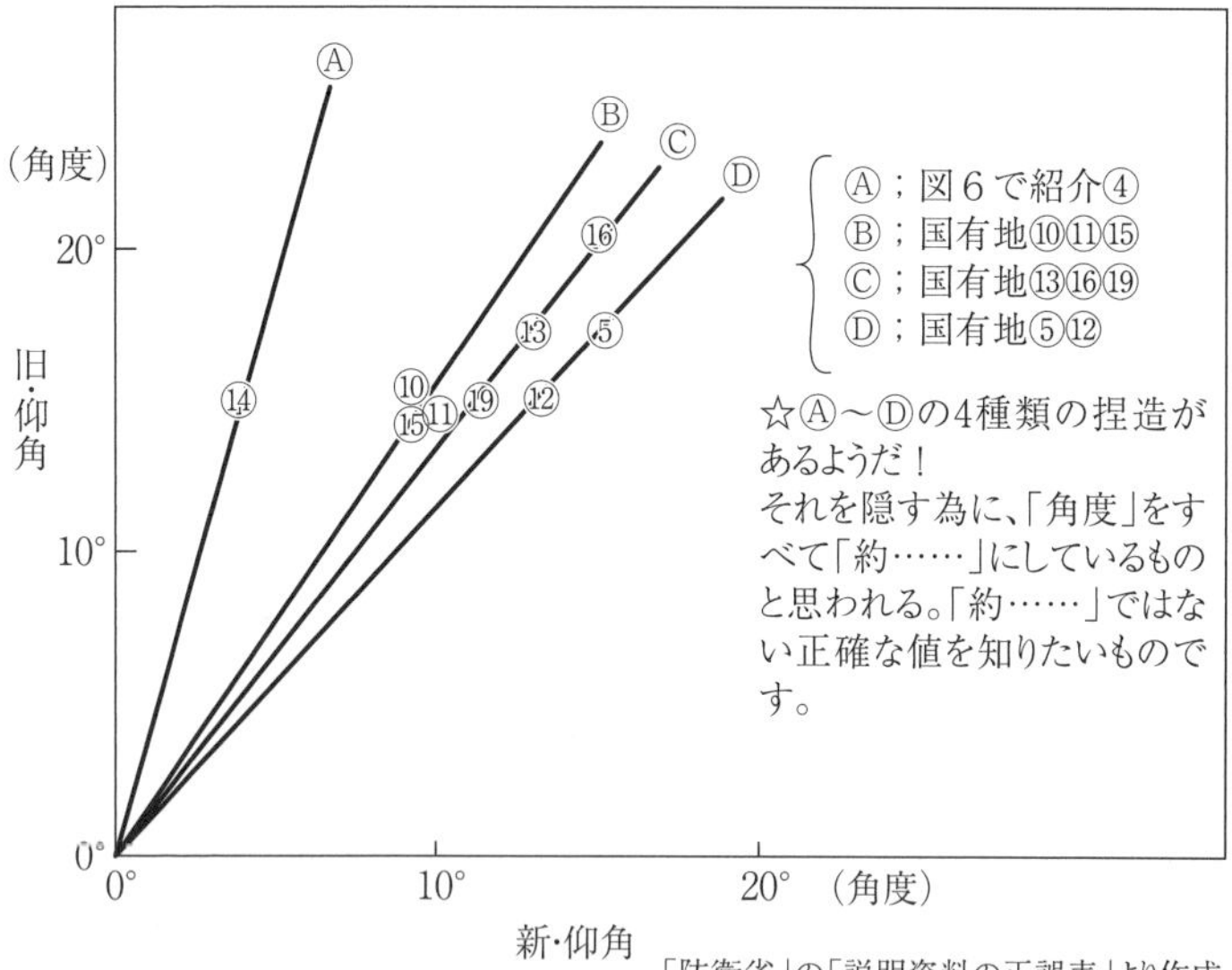

「防衛省」の「説明資料の正誤表」より作成

扱い方が大きく異なるのだが、「山の地図の取り扱い」に問題があったことが「秋田県での説明会の後」で明らかになり、その訂正が必要だったために、翌日の「山口県での資料・説明に混乱が生じたのだろう」と私は推察している。いずれにしろ、防衛省のいい加減さが問題である。

一方、山口県の場合に、本当に、問題がないのだろうか。そこで、この「仰角15度問題」を、もう少し詳しく調べてみることにした。表1は「防衛省の仰角訂正」報告なのだが、まずそれを点検することにした。

表1を見ると、「防衛省」から発表された「いずれの仰角」も「約」になっていることに気付くだろう。「国土地理院」の地図を調べれば、立地場所や山

の高さが容易にわかるし、その場所までの距離もわかるはずなのに、「約」になっているのが問題である。「仰角をθ」とすると、「$\tan\theta$＝標高差／距離」だから、簡単に「仰角θ」が計算できるはずで、何故、正確な「仰角」を公表しないのだろうか。そこで、表1にリストされた「新・旧の仰角」をプロットしたのが図7である。

新聞などで報道されたのは図7の左端の「牡鹿半島の本山」の場合だけだが、「約」と書かれている表1全体をプロットすると、全ての「仰角」で縮尺に誤りがあり、それを隠すために「約」として発表したことも推察できる。このことは、単なる「縮尺のミス」よりも「一五度以上は不適当」との説明を重視することと、更にイージス・アショアの高さが関係している様に思われ、このような不手際が放置されたのではないだろうか。本質的に重要なのは「一五度問題にある」と私は考えているのだが、そのことは「中SAM」での照射実験の際の「仰角」とも関係があるからではないだろうか。

(2)「新屋演習場」を最適の場所にするため

青森県・秋田県・山形県に関しては国有林の所在地がどこにあるのか良くわからない場所が多いのだが、候補地リストの内で場所の明らかな所のみを対象としたところ、青森県では「弘前・自衛隊基地(弘前市)」「青森⑲：弘前演習場(中津軽郡・西目屋村)」で、秋田県では「秋田⑭：秋田国家石油備蓄基地(男鹿市)」「秋田⑳：新屋演習場(秋田市)」、山形県では「山形⑯：飛砂防備保安林(酒田市)」である。また「山形⑯」は海岸立地であり、「津波の影響大」として除外されている。これらの場所は、いずれも「新屋演習場」を最適の場所にするためであり、「弘前市」の「自衛隊基地」が含まれてはいないのも不思議である。

イージス・アショアは巨大な建造物であり、その規模に関しては「資料」には全く出てこない。しかし「資料」の写真では二階建ての建物の上に「更に二階だて相当のイージス・アショア」が配置されているし、アラスカやボストン郊外の「イージス・アショア」は高さが三〇mはあるようなので、もし、それが三〇mの高さであれば、「仰角」は低くなる。イージス・アショアでは上端のPAアンテナからも電波が放射されるのだから、「中SAM」を地上ではなく、三〇m程度の位置に持ち上げて稼働・実測するべきであろう。

山口県の場合には北方や北西に高い山があり、「水平方向を確保」出来ない欠点があるのだが、それでも「仰角」は「一〇度」以下だが、この「一五度問題」は山口県での「中SAM」の発信方向の「仰角」を「約一五度以上」としていることとも関連があるのではないだろうか。

7　イージス・アショアの発信方向について

(1)　「全周、水平」が本音

「資料」では、イージス・アショアを模擬する「中SAMによる実測調査」は「上空に向かって」となっていて、一体、上向きの何度で実施されたのかは具体的には書かれてはいない。但し、秋田県の「資料」には「最大一五度」と書かれていて、周辺の電磁波強度を「中SAM」から発射して実測したのだろうが、実際に行われた上向方向が何度なのかは「資料」ではわからない。「資料」には、「日本海側のみに放射し、陸地側の放射は想定していません」と書いているが、その一方で、その説明の下には「探知のためのレーダー波を全周、水平近くで照射する場合」と書かれ

図8　イージス・アショアと中SAMの電力束密度値の変化

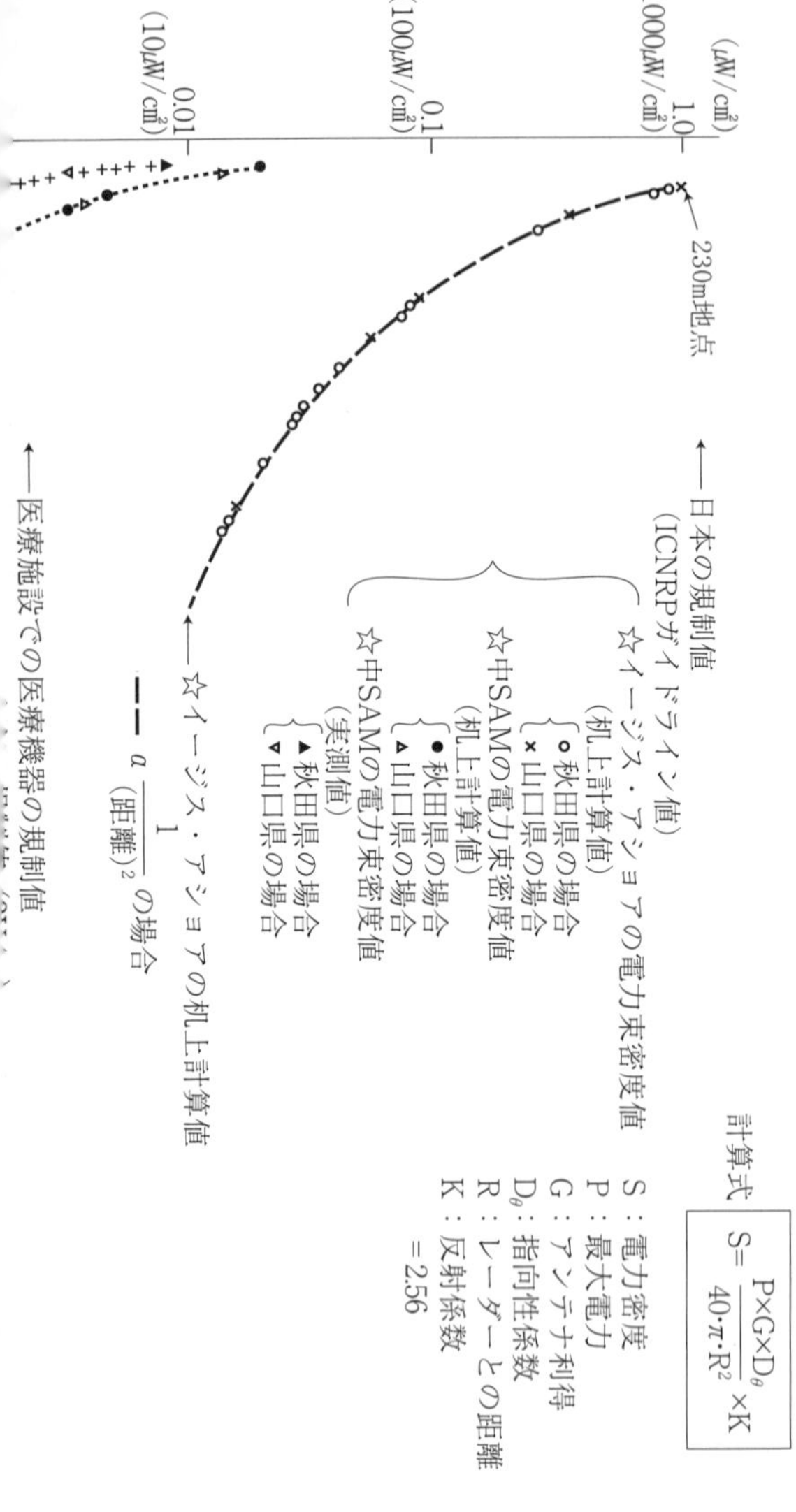

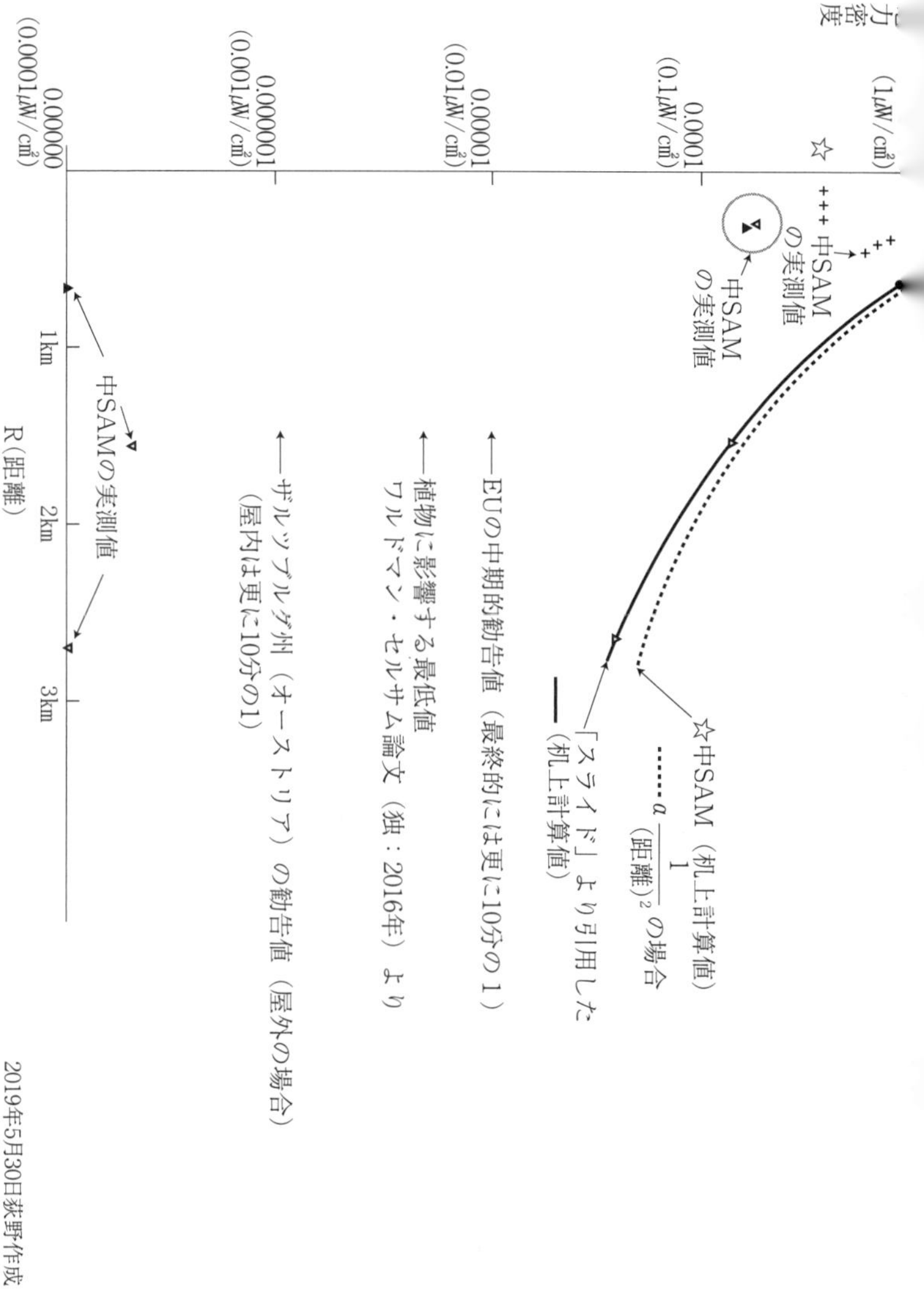

2019年5月30日荻野作成

てもいるから、本音は「全周、水平」にしたいのだろう。

秋田県の「資料」には「ミサイルをより遠くで探知するため、日本海の海上・水平方向付近にレーダー電波を放射します」と正直に書いておきながら、山口県の「資料」には「日本海側、西台に当たらないよう上に向けてレーダー電波を放射します」と矛盾した表現になっていて、山口県の敷地が不適当であることを認めているように思える。

(2) 米国を守ることが主目的

「資料」では、北朝鮮の「固定式・基地」を探査するのは無理であることを率直に認めて、「弾道ミサイルの発射兆候を事前に把握することが困難」とし、その理由として北朝鮮の「移動式発射台」と「潜水艦発射」を取り上げている。つまり、京丹後市などの「米軍のXバンド・レーダー基地では対応できなくなった」ことを日米ともに認めているわけである。「資料」には「二四時間、三六五日、日本全域を守り続ける」と書かれているから、「イージス・アショア」は一年中稼働させているはずで、「イージス艦はイージス・アショアのレーダーによる情報をもとに迎撃ミサイルを発射する」とも書かれていて、この点からも「イージス・アショア」は出来る限り早くにミサイルを補足する必要があるわけで、水平に放射できる場所が良いはずである。

ところで、イージス・アショアを秋田県と山口県とに建設するとすれば、日本で人口の一番多い場所である東京・名古屋・大阪周辺は、二基のイージス・アショアの発信方向から考えると、かなりの後方角になり、その方向へ飛来するミサイルの追跡精度も悪くなるはずである。その様な場所を守るとすれば、能登半島に二面か三面構造のイージス・アショアを一基設置すれば、それだけで済むのではないだろうか。広大な米国にあるイージス・アショア基地は、ハワイ・アラスカ・カルフォルニア・ボストン郊外などと数少ないことを考えると、この狭い日本に二基も建設する必要はないはずで、この点から考えても米国を守ることが主目的だといえるだろう。

8　イージス・アショアの電磁波強度

(1)　イージス・アショアの電力束密度は中SAMの約一一〇倍

山口県「資料」では、「中SAM」の予想を示す「机上計算値」と「実測値」の強度を比較して「実測値」が低いことから、「イージス・アショア」の場合も「机下計算値で想定することで十分である」と説明している。そこで問題になるのは「中SAMの机上計算値と実測値の比較」である。山口県の「資料」では「実測値」の最大は「演習場内②：距離一六一m」の「二五％」で、「演習場内①：距離二九九m」で「四・五％」になっていて、いずれもが「見遠し線内」だが、どうしてこんなに異なるのだろうか。この理由を考えていて、「イージス・アショアと中SAMの電力束密度の変化」の図を作成したので、それを図8にした。

「電力束密度（S）」を求める「計算式」では「反射係数：K」は同じ「二・五六」で「イージス・アショア」の場合は「P×G×D$^{\theta}$」の「積」の値が「2,581,659」となっていて、その各々のパラメータは秘密なのだそうである。しかし、「図」中の「―――」でも明らかな様に、「イージス・アショア」の電力束密度の「机上計算値」は「計算式」の距離(R)の「二乗の逆数」にきれいに対応していることがわかる。

一方で、「中SAM」の場合はその変化が少し異なり、距離が大きくなると式より少しずつ低下すような「机上計算値」になっていることがわかるが、この低下はパソコンの中に組み込まれている式が原因だろうし、中SAMでは色々とパラメーターの操作が可能であることもわかる。

「中SAM」の「P×G×D_θ」の「積」の値は「細部要領」に「17,726」とあり、「GとD$_\theta$」とでは、同じPAアンテナであるし、同じようなミサイル探査機器だから、ほぼ同じと考えることが出来るので、その様に仮定すれば「イージス・アショア」と「中SAM」との「P」の値を比較推定することが出来る。つまり「2,581,659 ÷ 17,726 = 145.6」となり、「イージス・アショアの最大電力は中SAMの約一四六倍」ということになる。「資料」からの「机上計算値」をプロットした図8では「イージス・アショアの電力束密度は中SAMの約一一〇倍」だから、良く対応しているといえる。このことは「中SAM」の放射電力は「イージス・アショアの約一〇〇分の一程度」と考えて良いことになり、すでに前にも書いているが「イージス・アショアのサイドローブはメインビームの約一〇〇分の一程度の強度」だから、「中SAM」のメインビーム強度は「イージス・アショアのサイドローブ強度」とほぼ同じ強度だということになる。

(2) 直接に地上の測定地点に向けないのか

「ミサイル探知用PAアンテナ」の仕様は似た様なものだから、「中SAM」の上下・左右のサイドローブの「電力束密度」の分布も簡単に測定することが出来るはずである。その様に測定すれば、「サイドローブ」が「メインビーム」の何％であり、その方向が幾つものピークになってい て、そのピークが何度ごとに現れ、それぞれの強度がどれだけになるかが容易にわかるはずだが、何故、その結果を示さないのだろうか。

図4でも示したが、丁度、「イージス・アショア」のメインビームの約一〇〇分の一がサイドローブの強度に相当するはずで、その強度が「中ＳＡＭ」のメインビームに相当するわけだから（その様な強度に設定した可能性もあるが）、イージス・アショアの高さを想定して「中ＳＡＭ」の配置も高い位置にした上で、「中ＳＡＭ」のメインビームを上空に向けるのではなく、直接に地上の測定地点に向けるべきであり、そうすることによってのみイージス・アショアのサイドローブの具体的な強度が明らかになったはずである。

⑶　「今回の実測値」では「イージス・アショア」の強度はハッキリしない

「資料」には、「中ＳＡＭレーダー位置」地点と「実測調査」地点の地形の断面図が示されているが、図8の「＋＋＋」に示した様に「見通し線内」でのみ電力束密度の値が高くなっていることがわかる。そして「見通し線外」の「実測値」の電力束密度は「いずれもザルツブルク州の勧告値」以下になっていることを示している。

この値がイージス・アショアの場合でも正しいのであれば、大変に良いことなのだが、そうではないはずである。この「中ＳＡＭ」のレーダー強度も高いはずなのに、メインビームを「上向き一五度」で照射している様だから、「今回の実測値」では「イージス・アショア」の強度はハッキリしないはずであり、メインビームの漏れやサイドローブからの強い被曝を覚悟する必要がある。

(4)「高校」であることから「出来る限り強度を低くしたい」との作為

「中SAM」の「実測値」には三つのグループがあり、図8の中程の「……」で丸く囲まれた「実測値」は「中SAM」から約三〇〇m地点での秋田県と山口県の「実測値」だが、「＋＋＋」の実測値の傾向から「五分の一」ほどに低くなっている。秋田県の「資料」には「秋田商業高校」が「樹木などの植生が遮蔽となっていました」と書かれている。しかし、イージス・アショアの建物の高さを考慮すれば、「秋田商業高校」はサイドローブで直撃される可能性もあるのではないだろうか。「中SAM」がどの様な高さに設置した上で放射実験がなされたのかは、全く知らされてはいないからである。

また、図8の一番下の「中SAM」の「実測値」では、「秋田商業高校：水平距離六三九m」の「実測値」が、「山口県・演習場③：水平距離一五五一m」の「実測値」の二分の一になっている。前者が「目視で見通し線外」で、後者は「見通し線外」になっているのだが、距離が1551 ÷ 639 = 2.43倍だが、「計算式」でわかるように「二乗に反比例」するので、前者の方が2.43x2.43=5.90倍になるはずだが、そうではなくて前者の方が低くなっている。

山口県での中SAMの位置標高は四九六mで、「演習場③」の標高が三五七mであり一三九mも低い場所にあって、水平よりも五・一二度も下方を向いている。一方、秋田商業高校は中SA

Mの標高が三一mで、高校の標高が二七mなので、僅か〇・三六度しか下方を向いておらず、実質的には同じ標高といえるのである。このことは、サイドロープではなく、メインビームのすぐ近くにあるビームをも受けている可能性が高い。

更に「演習場③」は山影になっているので、「秋田商業高校」の場合よりも強度が低くなるはずだが逆になっている。中SAMの「机上計算値」では両者はきれいに対応しているのだから、中SAMでサイドロープの弱い角度方向を選択した可能性もあり、「高校」であることから「出来る限り強度を低くしたい」との作為を感じるのである。

また、防衛省の「資料」には、病院や住居などでは、家の壁の遮蔽効果で四分の一ほどに減衰することを示している。確かに壁の効果で減衰はするが、ガラスの窓ではその様な減衰効果はないのであり、窓のない病院や学校などがあるとは思えないので、この点にも気を付けて頂きたいものである。

9　「資料」に見るサイドロープについて

(1)　「イージス・アショア」が見える場所には「サイドローブ」がやって来ている

「サイドローブ」に関してはすでに説明しているが、ここでは「資料」にどのように取り扱われているのかについて説明する。「サイドローブ」の大きさやメインビームとの関係に関して「資料」は全く触れておらず、「サイドローブの多くをカットするために、防護壁を設置する」と書かれているだけである。

また「細部要領」には二カ所に「サイドローブの記載」が見られ、「反射係数はサイドローブが地表に向くものもあるため、手引きに基づき、大地面の反射を考慮して二・五六に設定」と書かれているのと、「サイドローブは、メインビームの放射範囲中央が大きくなることから、測定場所がメインビームの中央となるように放射します」と書かれている。

前者の意味は良くわかるが、後者は意味がわかりにくいように思われる。私の解釈では「メインビームの放射範囲中央が大きいので、測定場所がそのメインビームの中央の方向位置となる様に、その上に向けて放射する」ということだろうと思われる。何故なら、「細部要領」では山口県の場合は「仰角を一五度以上を維持する」と書かれてもいるので、上方を向いているはずで、その場合は山影でサイドローブは遮蔽されるので、「電力束密度」が大幅に低減することになるのは確かである。問題なのは「中ＳＡＭ」と「イージス・アショア」の位置や高さが異なるために、「中ＳＡＭ」の「測定結果」からでは「イージス・アショア」の場合の具体的な強度は不明であるといわざるを得ない。使用された中ＳＡＭが、「通常の使用モードになっていたのか」「サイドローブ低減モードになっていたのか」「イージス・アショアとの相違」もはっきりとはしていない。

また秋田県の「資料」では「イージス・アショアは、弾道ミサイルの発射をより遠くで探知するため、日本海の海上・水平方向付近にレーダー電波を放射します」とあるが、山口県の「資料」では「西台に当たらない様に上に向けてレーダー電波を放射します」となっている。「西台・山地」を避けるためだろうが、建設が認められた後には「イージス・アショア」の位置を演習場の北西にある西台の「北側へ移動」して、西台を避ける様にするかも知れないので、その場合は住民地域を直撃する可能性もある。もし建設後に「イージス・アショア」の巨大な建物が見える場所があれば、その場所には強い「サイドローブ」がやって来ていると思う必要があるだろう。

(2) 受託業者の報告書の公開を

秋田県の「資料」では「イージス・アショアのレーダーのメインビームが、万が一にも地表へ照射されないよう、事故や操作ミスを防ぐ機能を付加します」として水平位置に「モニター用アンテナ」を設置するとしている。一方、山口県の「資料」にも秋田県と同じ文章が書かれている。メインビームの方向が「山に遮蔽されない見通し線」の方向に向いていることや、仰角が上向きになっていることが分かるのだが、これではサイドローブの具体的な方向や実測値との関係などは全くわからないことになる。「細部要領」には「中SAM」の「測定作業の要領」と「実測値の確認」とが紹介されているが、実測値を出来る限り低くなるようにされているように思えるので、それだからこそ「受託業者の報告書」の詳細な内容を知りたいのである。

おわりに

私は携帯電話・基地局からの電磁波問題にかかわってきていたが、軍事用のレーダー基地に関心を持ったのは最近である。二〇年程前に「ボストン郊外のＰＡＶＥ・ＰＡＷＳ」を調べたことがあり、その際に「イージス・アショア」の「PAアンテナ」のことは知っていたが、その様な問題が日本でも話題になるとは思わなかったのであり、今回の様にレーダーの構造や電磁波強度などを調べたのは始めてだといえる。

勿論、私はレーダーの専門家ではないが、それでも、「イージス・アショア」とそれに使用される「PAアンテナ」のこと、更に「サイドローブ」の重要性といった問題点に関して、「資料」を読みながら疑問点を詳細に書いたつもりである。「中SAM」のことも最近まで知らなかったのだが、二〇一九年五月に秋田県と山口県とでの「防衛省の説明資料」を読んで、その余りにも問題の多いことに驚いた。北朝鮮のミサイルを巡る議論でも、「PAアンテナ」の構造と密接に関連していることであるのに、その点を指摘する様なメディアでの見解が少ないことにも疑問を感じたので、この様な文章を書くことにしたのである。

二〇一九年七月末から、北朝鮮は何回も新型・短距離弾道ミサイルの発射をした。大気圏内を低空で上下しながら飛翔する「低高度滑空跳型」のミサイルもあり、韓国に設置されたばかりの「THAADレーダー」でも捕捉できなかったそうである。

もし、北朝鮮が韓国や日本を狙うとしても、この形のミサイルには、「THAAD」・「中SAM」・「イージス艦」・「イージス・アショア」などの「PAアンテナ」は役に立たないのではないか。トランプ大統領は、米国に飛翔する可能性のある様な大気圏外を放射線状に飛翔する「中距離・長距離の弾道ミサイルではないので、問題はない」とのことだそうだが、そうであれば、米国の防衛のために二基ものイージス・アショアに巨費を投入する必要もないはずである。

二〇一九年七月二十八日の毎日新聞によれば、「防衛省の調査にミスが相次いだ問題で、同省が近く行う再調査を外部の専門業者に委託する方向で調整していることが二十七日分かった」「再調査は九月に開始し、数カ月を見込んで居る」とのことである。ここに指摘したことが、どの様に反映されるのかに私も関心を持っているのだが、周辺住民の将来に関係することであり、正確な測定をして欲しいと願わざるを得ない。

「イージス・アショア」を巡る政治的・経済的・社会的な問題点は他の章で書かれると思うので、ここでは出来る限り「技術的・科学的」な側面からの記述に限定した。何れにしろ、防衛省の相次ぐ間違い訂正を知ると、これで本当に日本を守れるのかどうか……と疑問が深まるばかりである。

その中でも、一番驚いたことは、秋田県・山口県という日本の東西に建設される予定の「イージス・アショア」であるが、「ＰＡアンテナ」の構造から考えると、東京・名古屋・大阪という日本の生命線ともいえる地域を守るのには不十分であり、秋田はハワイの、山口はグァムを守るためのイージス・アショアではないのか……との疑惑が深まるばかりであり、国民的な議論が必要であろう。

【主な参考文献】

1　防衛省：令和元年五月：「イージス・アショアの配備について」（秋田県・山口県）
2　防衛省：平成三十一年三月八日「陸自対空レーダーを用いた実測調査の細部要領について」

3 防衛省：平成二十五年四月「ＴＲＹ・２レーダー（「Ｘバンド・レーダー」）について
4 京都府：平成二十五年七月九日「ＴＲＹ・２レーダーの電磁波の影響に関する参与会の意見」
5 賀数清孝（与座岳レーダー問題部会委員）：「自衛隊の電磁波測定値は信用できるか」（二〇一四年十月二十九日）
6 京都新聞　二〇一八年一月十一日号、同二〇一八年六月二日号
7 毎日新聞　二〇一九年六月六日号
8 荻野晃也著『ガンと電磁波』（技術と人間、一九九五年）
9 長谷部望著『電波工学（改訂版）』（コロナ社、二〇〇九年）
10 築地武彦著『電波・アンテナ工学入門』（総合電子出版社、二〇〇二年）
11 国土地理院の地図
12 防防戦（防）第三七三号（平成三十年七月十九日）：イージス・アショアの配備候補地選定に係る質問について（回答）
13 防防戦（防）第四二九号（平成三十年八月十七日）：イージス・アショアの配備に係る適地調査の実放について（回答）
14 Massachusets Dep. Of Public Health「Evaluation of Incident of the Ewing's Family of Tumors on Cape Cod, Massachusetts and the PAVEPAWS Radar Station」(Dec. 2007)
15 Broadcast Signal Lab.「Report on Pave Paws Emissions Survey For Massachusetts Department of Public Health」(Oct.2007)
16 R.J. Mailloux「Phased Array Antenna Handbook(2nd.ed)」(Artech House. 2005)
17 Union of Concerned Scientists「Shielded from Oversight」(July.2016)
18 An Assessment of Potential Health Effects from Exposure to PAVE PAWS Low-Level Phased-Array Radiofrequency Energy(The National Academies Press 2005)

第四章　イージス・アショアの電磁波の人体への影響

荻野晃也

1　はじめに

技術の進歩と共に高周波の利用が増えてきたが、当初の最大の理由はやはり軍事利用だったといえよう。特に、第二次世界大戦は高周波技術が勝敗を分けたといっても良いほどで、例えば、ミッドウェー海戦では、米軍のレーダー装置が大活躍したことは有名である。日本軍のハワイの真珠湾攻撃の際に、稼働したばかりの米軍のレーダーに「日本軍機の機影が写っていた」ことが後からわかり、米軍はレーダー開発に必死になった成果が海戦で明らかになったのである。

勿論、日本もレーダー開発を盛んに行ってはいたのだが、「殺人光線の開発」の方を重視していたといわれていて、朝永振一郎・小谷正雄・菊池正士などの物理学者を動員して研究を進めていたのだった。

一方の米国は、レーダー開発による「敵艦隊や飛行機の捕捉」と「ローラン航法による夜間飛行」を重視していて、この技術が米軍の勝利の原因になったのである。その研究過程で高周波被曝による白内障などが問題になり、「レーダー操作員は四時間以上の連続勤務をしないように」との勧告もされていたほどであった。

それ以前に二七MHzの短波放送がニューヨークで開始されたのが一九二八年なのだが、その直後から従業員に異常が多く報告された。その調査過程で、高周波が人体の温度を上げるという「熱効果」が発見され、「ジアテルミー療法」を盛んにしたのである。シュリーファケ（独、一九二六）

による「高周波照射での吹き出物の治療」なども評判を呼び、悪影響が秘められていることに気付くことはなかった。

マーラ（米）の「X線被曝による人為的突然変異の発見」は一九二七年だが、シュリーファケの「何の批判もなく、もっぱら応用範囲ばかり広げたがる人々は、その招くべき失敗を少しも恐れない人たちであるかに見える」やマーラの「このままX線を使用し続けていると、いつかは人類が滅びるのではないか」との警告を、高周波利用に邁進している現代でも、深くかみしめる必要があるのではないだろうか。

しかし、いつの間にか「熱効果だけで非熱効果は全く無く、温度上昇が低ければ安全」とされてしまい、軍事技術の民生利用の典型例として、研究不十分のまま「電子レンジ」が開発促進されて行った。高周波は水に良く吸収されて、温度を上げる効果が高いからである。また、ラジオやテレビなどの放送もあり、それが携帯電話の爆発的な普及によって身近で被曝するようになってきたのである。

すでに紹介している「イージス・アショア」の電磁波に関する影響問題は、私の知っている限りでは、ボストン郊外の「PAVE・PAWS」で問題になっただけである。イージス・アショアから放射される電磁波はとても強く、サイドローブ（横方向や縦方向の電波が後方にまで漏洩）があることで広範囲に広がる可能性もあり、真剣に考える必要がある。

ガンマ線やエックス線などのエネルギーの高い「放射線（ガンマ線）：電離放射線」も電磁波の仲間なのだが、その様な放射線（能）の悪影響に関しては長い間議論されてきたのに比べて、エネルギーの弱い「電磁波：非電離放射線」の影響が真剣に議論され始めたのは最近のことである。放射線（能）の悪影響は広島・長崎の被爆（曝）者の疫学研究があることもあり、「発ガン」を中心に悪影響が議論されることになったのだが、発ガン以外の悪影響問題が取り上げられるようになったのは、チェルノブイリ原発事故で発ガン以外が重視されるようになってからだといえよう。「発ガン」は被曝による悪影響の一つでしかないのである。

電磁波影響の分野では多くの側面からの危険性の指摘が増えてきており、ここでは、日本であまり知られていないことだが、私が以前から最も心配している「自然界の強度との比較」を中心にしながら、「生殖」「脳」「細胞」「発ガン」「電磁波過敏症」などの問題についての最近の研究状況をも紹介する。

2　自然界における高周波の強度

最近になって「自然界にある電磁波強度」のことが気になってきた。後から述べる「生殖関連・研究」が増加してきたこととも関係するのだが、科学技術の進歩に対応しての「便利で快適な生活」のシンボルともいえる電磁波だが、自然界にある電磁波強度に比べて異常に強い被曝を受け続けていても「本当に、生物は大丈夫なのか」との初歩的な疑問に私も取りつかれ始めたというわけである。生命誕生以来、色々な強度の電磁波被曝を受けてきたはずだが、今の様な極低周波や高周波の被曝を受け始めたのは、高々百年ほど前でしかないのである。こんなことを気にする人は少ないのかもしれないが、長い進化過程を生き抜いてきた生物にとっては、最近の電磁波被曝の急増は凄まじいのである。そのことにも思いを巡らすことも重要ではないだろうか。

私が「自然界の電磁波強度」に関心を持ち始めたのは古いのだが、特に真剣に考え始めたのは「福島原発事故」に直面してからだった。京大原子核工学教室という日本で最初にできた「原発推進のための教室」に一九六四年に勤務することになった私は、原子核構造の研究を中心に行っていたので、原発関連の研究とは直接的な関係はなかったのだが、時代の流れで「原発の安全性」に疑問を持ち始めたのだった。一九六九年には、東大原子力工学科と京大原子核工学科などの学生・院生・若手職員を中心として「全国原子力科学技術者連合（通称「全原連」）」を結成し、原発に批判的な立場からの原発の問題点などの執筆・宣伝や各地の建設反対・住民運動の支援や裁判への協力などを行ってきた。ここで、昔の反原発運動の話をするつもりはないのだが、当初から「半減期の長い放射性物質の最終処分」が私たちの重大な懸念の一つだった。そのこともあり、自然界の放射線（能）の強度と被曝許容値の問題に深い関心を持っていたのである。放射線（能）と人類はどのように付き合うべきかは重要な課題だったわけで、色々な思想が検討されてきていた。その一例を表1に示すことにした。私が二〇〇三年に雑誌に寄稿した文章の一部なのだが、「ベネフィットとリスク」のバランスのとり方に世界中が悩んでいたことがわかるだろう。このことは電磁波問題でも同じ様にいえることである。

二〇一八年二月、私に「イージス・アショア」で揺れている山口県阿武町の方から講演依頼があった。その際に、主催者の方から「高周波の日本の規制値は一〇〇〇μW／㎠だが、オーストリアのザルツブルク州は室外で〇・〇〇一μW／㎠、室内で〇・〇〇〇一μW／㎠の規制（勧告）をしている理由を話して欲しい」との依頼を受けたのである。

この事実を、講演などで私も必ず話してはいるのだが、その理由に関しては「弱い被曝での影響研究・説」「電磁波過敏症・説」「自然界の強度に対応するべき・説」などがある。その二月の講演の際に、私は初めて「自然界の強度並み・説」の話を追加したのだった。それと比較するためもあって、「米国のユッカ・マウンテン法（二〇〇八）」のことも話したのである。福島原発事故で問題になっている「セシウム137から放射されるガンマ線」も電磁波の仲間であるからだ。米国政府が、原住民の聖地である「ユッカ・マウンテン」の地下に放射性廃棄物を永久処分する施設を計画中だが、その放射線（能）の地上での被曝量を「今後、一万年後まで、年間〇・一五ミリシーベルト（mSv）以下に規制する」のが米国・環境庁の正式な法律「ユッカ・マウンテン法」である。「〇・一五mSv／年」は自然界での放射線（能）被曝の一〇分の一に相当し、自然界の放射線（能）被曝でも「発ガンの可能性がある」ために、その様に規制することにしたわけである。それでも「ユッカ・マウンテン施設」の建設は、民主党政権下では中止されてきたのだが、二〇一八年になってトランプ大統領が建設に踏み切り始めている。

福島原発事故の避難住民に対して、日本政府は「二〇mSv／年以下は安全」として帰還させようとしているが、多くの人々は「せめて法律で規制されている自然界並みの一mSv／年以下にして欲しい」としていることは良く知られている。原発推進・再稼働賛成の人達は、この「ユッカ・マ

表1　放射線（能）防護に関する思想的な変化（米国・英国を中心に）

1949年	NCRP「耐容線量から許容線量へ：週当たり0.1レントゲン以下」
1950年	ICRP「最大許容線量（悪影響効果の可能性の高い閾値）の導入」「アラップ：可能な限り最低の（Lowest Possible）レベル
1954年	NCRP「アラップ：実際に出来るほど（Pracitícable）低く」
1954年	ICRP「絶対安全とはいえないが、無視しうるリスクを伴う」
1955年	ICRP「アラップ：可能な限り最低の）（Lowest Possible）レベル
1956年	NAS（ＢＥＡＲ）「合理的な被曝を容認」
1956年	MRC「合理的な被曝を容認」
1958年	NCRP「アラップ：実際に出来るほど最低の（Lowest Pracitical）値」
1959年	ICRP「アラップ：実際に出来るほど（Pracitícablel）低く」
1960年	FRC「他産業とのバランスの取れたリスク決定」
1966年	ICRP「アララ：容易に（Readily）達成可能なほど低く」
1970年	NRC「アララ：実用出来るほど低く（1000ドル／人・レム）」
1973年	ICRP「アララ：道理にかなって（Reasonably）達成可能なほど低く」
1975年	NCRP「アララ：数値での比較は役に立たない」
1977年	ICRP「アララ：経済的社会的要因、正当化・最適化・線量限度」
1982年	HSE「アラープ：道理にかなって実際にできるほど低く」
1982年	ICRP「アララ：費用と利益の解析」
1985年	NRC「アララ：しかし定量的な最適条件下でなく」
1987年	EPA「アララ：経済的社会的要因」
1990年	ICRP「アララ：経済的社会的要因、防護の最適化を重視」
2000年	IRR「アラープ：道理にかなって実際にできるほど低く」

NCRP：米国放射線防護委員会
ICRP：国際放射線防護委員会
FRC：米連邦放射線審議会
MRC：英国医学研究評議会
NRC：米国原子力規制委員会
HSE：英国健康安全局
NAS：米国科学アカデミー
IRR：英国電離放射線規制
EPA：米国環境保護庁

「アソシエ2002年№10」より引用

ウンテン法」のことを知っているのだろうか。この話と同じようなことが、電磁波の被曝でもいえるわけで、それが「ザルツブルク州の厳しい規制の根拠の一つにもなっている」と私は話したのである。そして、その理由として、ＮＴＴドコモのスペクトル・アナライザーの測定データによると、周波数が一GHz周辺のバックグラウンド値が「幅一MHzの測定値で約10^{-8}〜10^{-9}μW／cm²相当」なので、バックグラウンド高周波全体を積分した強度が10^{3}〜10^{4}程度と想定できるので「全体として10^{-4}μW／cm²をバックグラウンド値と同じ強度と想定しているのかもしれない」と話したのだった。

しかし、すでに高周波利用が始まった一九〇〇年代から地球上には高周波が蔓延してきているのだから、ＮＴＴドコモの測定結果のバックグラウンド値自体が、大幅に高くなっていることはいうまでもない。一九八〇年すぎに携帯電話が普及し始めた頃だが、研究会などで「自然界の高周波強度の低いことを示す図」が紹介され議論されたりしたのが、図１である。「米国・航空宇宙局：ＮＡＳＡの報告書（一九八一年四月九日）」から引用した図である。

この図１の横軸は「MHz」であるが、その強度の値を考える際の「周波数幅」は「一Hz」であり、「ＮＴＴドコモ」の測定データが「一MHz幅」だったのに比べると一〇〇万分の一の狭い幅に相当している。「一KHz幅」であれば図１の縦の単位は「一〇〇〇倍」に、「一MHz幅」であれば、一〇〇万倍になる。特に図１で高周波・強度が最低になっている「一〇MHz〜一〇〇MHz」の周波数帯の強度は約10^{-26}mW／cm²であり、ＩＣＮＩＲＰガイドライン値（日本の規制値でもある）一mW／cm²の実に10^{-26}である。つまり、規制値の「一〇〇億・京」分の１である（ジョの単位だが、漢字がないので億・京とした）。

図1　電磁放射線の幾つかの「自然と人工」源

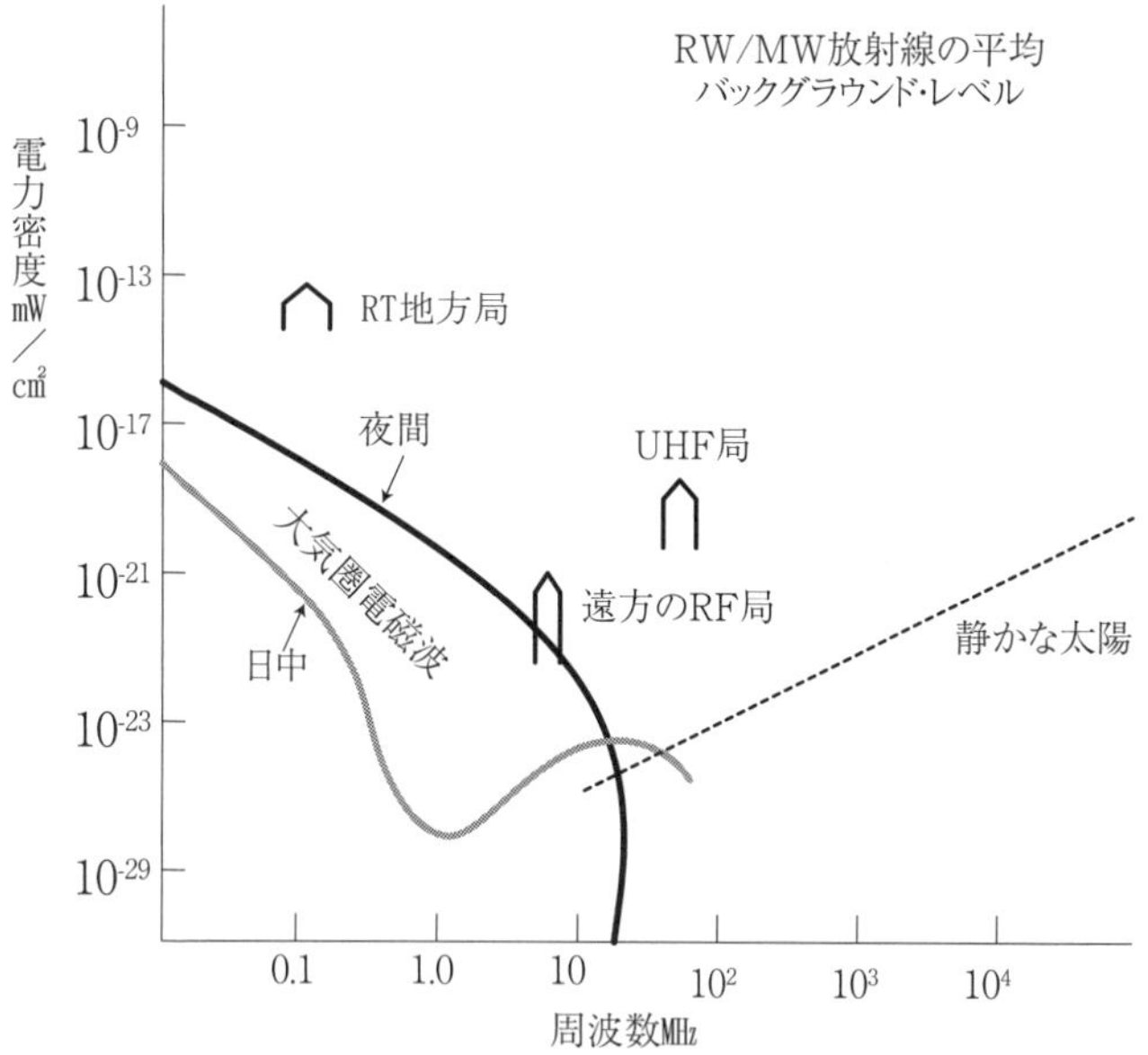

米国NASAの報告書（CR=166661）より引用

また、その周辺の一〇MHz～一〇GHzの波長は「三cm～三〇mであり、丁度、哺乳類の体長と類似している」ことも重要である。高周波の波長が生物の体長と重なると共振現象が起きやすくなるので、この領域に含まれる人間への規制値も厳しくなっているのだが、長い進化過程で生物がこのような高周波・強度の極めて低い条件下で「生き残ってきたのかもしれない」のである。便利さの故に、いつのまにか自然界の強度に比べると桁外れのものすごい強度の高周波・被曝を「安全だとして規制値」にしていることを真剣に考え直す必要があるのではないだろうか。

日本の「はやぶさ2」が話題になっているが、「小惑星りゅうぐう」と地球との距離は二億五〇〇〇万㎞も離れていて、通信には片道約一四分もかかっても、ノイズに邪魔されることなく届くのだから、宇宙空間の電磁波がいかに弱いかがわかるだろう。携帯電話を月に置くと、地球に届くその電波強度は「宇宙にある一番強い電波星よりも強い」ということも知って欲しいものである。いずれにしろ、自然界の高周波・強度が極めて低い値であることが心配であり、そのことは「赤外線と地球温暖化問題」などにのみに限ったことではないはずである。

この様なことを心配する私に対して、「君の考えすぎだ」「低い値は無視したら良い」という人もいるのだが、私の心配の念は「何も私だけではない」ことを最近になって知った。英国の有名な医学専門誌「ザ・ランセット：地球の健康」の二〇一八年十二月号に「バンダラ論文（オーストラリア）」が発表になっていた。表題が「地球の電磁波汚染：今こそその脅威を評価すべき時だ」であり、図2の様な図が示されている。

この図では一GHzの周波数帯あたりでの自然界の電力束密度が「10^{-20} mW／㎠」になっているので、横軸の周波数幅を「一MHz」にしていて、図1よりも縦軸の単位が一〇〇万倍に高くなっていることがわかる。それでも、規制値は一垓（ガイ：京の上の単位）倍にもなっている。一九四〇年代から急増加した高周波強度が一九五〇年代、一九八〇年代と増加していて、今や二〇一〇年代ではICNIRPガイドライン値に接近していることがわかる。この上に、更に図2でも明らかな様に一〇GHz以上のまだ使用の少ない領域を五G世代として利用しようとしつつあるのだから、「このあたりで頭を冷やして、地球温暖化問題や化学毒性問題と同じように、電磁波公害にも注目す

図２　人工由来と自然界との電力束密度に関する代表的な１日最大被曝量と国際非電離放射線防護委員会ICNIRPのガイドライン値との比較

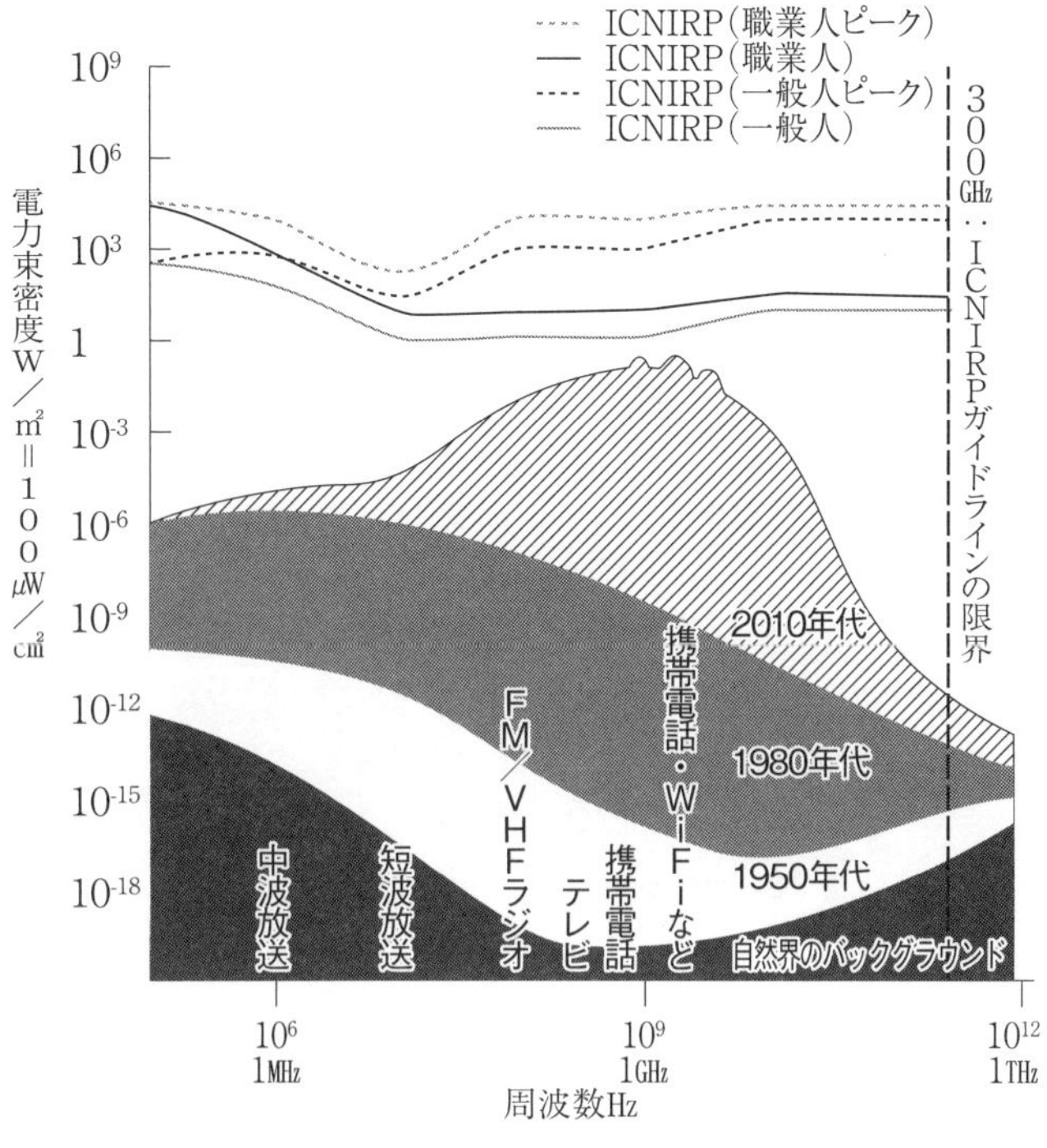

出典）Bandara et al.：“The Lancet : Planetary Health　P512（2018年12月）

べきではないか」との意見が強くなってきていることを「バンダラ論文」は示している。

同じことは、五〇／六〇Hzの極低周波に関してもいえる。ＩＣＮＩＲＰガイドライン値（日本の規制値でもある）は五〇／六〇Hz磁界で「二〇〇μT」だが、自然界の場合の強度は「世界保健機関ＷＨＯの環境健康クライテリアＥＨＣ２３８」によれば「10^{-6} μT（つまり〇・〇〇〇〇〇一μT）」だから、規制値は二億倍も緩い値なのだ。電力会社などは地球にある静磁界強度の約五〇μTを引き合いに出して「送電線などからの極低周波の磁界はそれよりも大幅に低い」と良く宣伝をしているのだが、自然界の磁界の二億倍にも緩い規制値であることを隠しているのである。

極低周波の場合は、「閃光現象という刺激効果のみが問題である」との立場で緩い基準値にしていて、それ以外の細胞レベルなどでの影響効果が問題になっているにもかかわらず、発ガンなどの疫学研究結果も無視して緩い基準にしているのである。地磁気の様な静磁界と異なり、地球上にある極低周波の磁界強度は急激に弱くなっているのであり、リニア中央新幹線における極低周波・被曝も心配になる。科学技術の恩恵を受けている人類ではあるが、どこかで危険性とのバランスを考えながら「より安全な生き方」を選択する必要が求められているのではなかろうか。

3　高周波・電磁波と生物進化との関係

地球環境問題と関連して「オゾンホール」が問題になり、紫外線による皮膚ガンが話題になってきた。強い紫外線下で人間の皮膚が黒くなるのは皮膚を守る為にメラトニンの指令で皮膚にメ

図3　シューマン共振・電磁波と脳波（人間）との関係

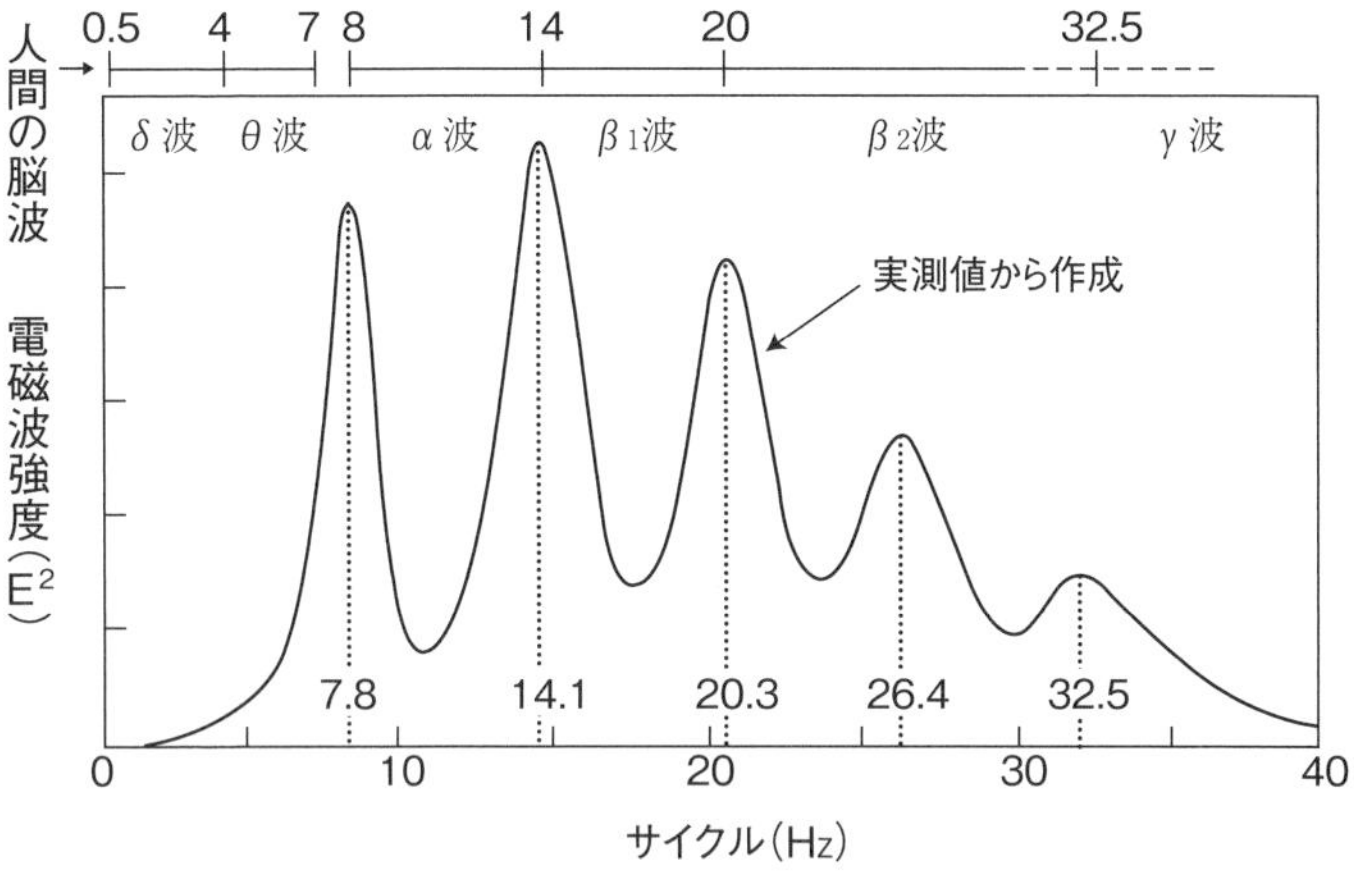

ラニンが出来るからである。つまり、進化過程で克服できる手段を得てきた生物が生き残ってきたといえる。メラトニン・セロトニン・ドーバミンなどの脳内ホルモンが電磁波の影響を受けているとの報告も多く、特に、松果体から分泌されるメラトニンは「概日リズム」と関係が深く「抗酸化ホルモン」であり、「進化と関係がある」ともいわれている重要なホルモンである。海から陸に移った生物は、空気中の酸素から身を守るためにメラトニンが必要だったのだ。

また「人間の脳波と地球表面に定在するシューマン共振・電磁波」とが似ていることも、進化と関連している可能性が高い。地球のサイズと共振する「シューマン電磁波」の存在を知ったことが、私が「自然界の電磁波の重要性」に関心を持った理由でもあるのだが、そのシューマン電磁波と脳波との関係を図3にした。

地球上には一日に約一〇〇個の雷が発生して

いて、それが「シューマン電磁波」の主原因なのだが、それ以外に宇宙線や太陽風や地震なども加わっていることだろう。その強度は「（2～5）×10^{-5} μT」程度なのだが、雷のない時では更に低くなっていることだろう。シューマン電磁波を弱くしていくにしたがって「人の操作反応時間が長くなる」との報告もあり、今なお、このシューマン電磁波は脳の活動と深く関係している可能性がある。

　現在、一番関心の高い電磁波問題は、携帯電話・電磁波や放射線（能）被曝の影響であろう。これらの電磁波の生体影響メカニズムに関しては色々な提案があるのだが、遺伝子やタンパク質やホルモンや免疫系などが色々な影響となって現れるのではないか……と考えられている。その背景には複雑な過程が存在しているわけだが、放射線（能）被曝の間接作用と同じような活性酸素（酸化ストレス）などの生成が電磁波被曝でも重要なキーワードになってきていて、特に「電位相関カルシウム・イオンチャンネル」が問題になっている。

　電磁波・被曝でイオン・チャンネル経由による細胞内での活性酸素・生成が明らかになってきているのだが、この地球上に生き残っている生物は長い進化過程の影響もあり、簡単には「メカニズムが見えない」のだろうが、遺伝子レベルの研究が進み、メカニズムに関する提言も増えてきているので、その複雑な過程例を図4とした。

　「地球の健康」が問題になって来てから、「淡水利用」「輸送」「肥料」「農薬」「紙製造」「プラスチック製造」「一次エネルギー」「地球生存圏の退化」「海の魚の消費」「海の酸化」「熱帯雨林の減少」「オゾンホール」「炭酸ガス」などの急増に懸念が増大した。その中で、私が「電磁波問題

図4　電磁波の被曝による細胞内の反応メカニズム

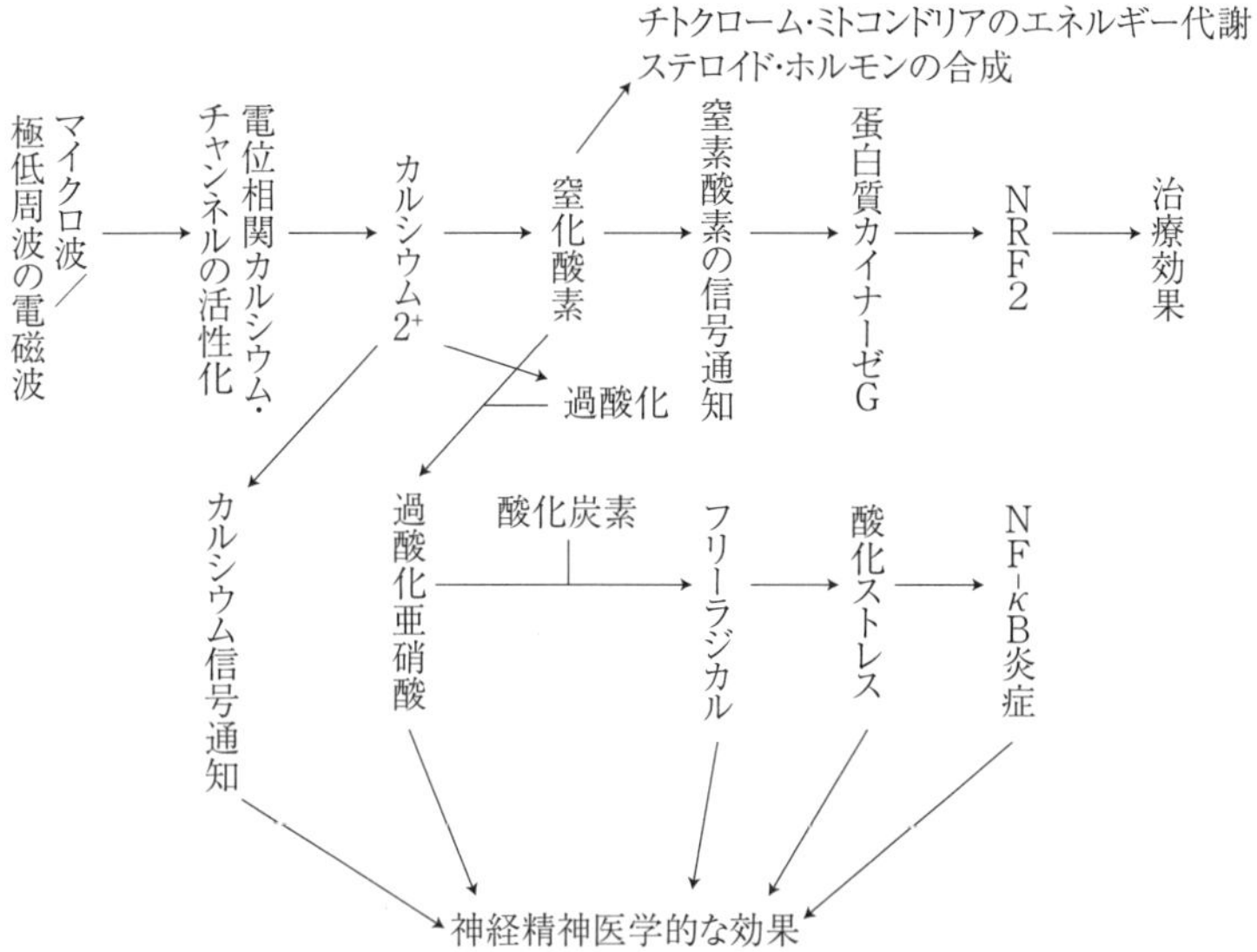

色々な経路で、電磁波の電位相関カルシウム・チャンネルは電磁波被曝の効果を作ることが出来る
ボール論文（米、2018年）より引用

は地球環境問題でもある」といっている理由は、エネルギーの高い方から「核実験や原発からの放射線（能）問題」「オゾンホールによる紫外線の増加」「LED照明による青色光線の危険性」「赤外線と地球温暖化」「高周波利用による危険性の増加」「極低周波の被曝増加」などがあり、いずれの電磁波強度も自然界の強度を大幅に超えていることに、「生物は耐えることが出来るのか」ということである。

　まさに「神のみぞ知る」かも知れないのだが、最近になって「熱効果」以外の「非熱効果」の重要性が指摘され始めているのである。我々は電磁波問題を「オゾンホール」や「地球温暖化」などと同様に「人類の生存」に関係する危険性の一つとして真剣に考える必要がある。二酸化炭素の増加などによる「地球温暖化」が重視されているのだが、図2で示した様に、地球表面や人工衛星から増加している極めて強い高周波が海や大気や雲の中の水分に吸収されて、「地球上の温度を上げる効果もあるはずだ」と思うのだが、話題になっていないのも不思議である。「無視できる」との研究があるのだろうか。太陽光線や地磁気の強さから考えると「高周波も極低周波も弱いので安全だ」と人類は勝手に考えているのではないだろうか。

4　電磁波の生殖への影響

電磁波と精子・生殖関連を調べた論文は一八九三年から二〇一八年までに約九〇〇件もあり、二〇一八年だけでも二五件もある。しかも最近ほど悪影響が懸念されているのであるから、安全性が確立しているとはいえないはずである。レーダー操作員の精子異常の報告は七〇年代からあり、現在までに携帯電磁波を中心にして、実に二三〇件もの精子関連論文があるのだが、その多くは何らかの悪影響を報告している。基地局周辺の民家などに雄マウスを置き、その精子を調べた「オテイトロジュ論文（ナイジュリア、二〇一〇）」では、基地局に近いほど精子の頭部奇形が多く、電力（束）密度が〇・一μW／㎠で、五〇％もの異常が報告されている。「人の精子」を対象とした研究は、私の調べでは一九七五年以降で六四件あるのだが、「影響あり」が五二件で、「影響なし」が一二件であった。「影響あり」では「精子数の低下」「精子の活動低下」「精子パラメーターの劣化」「DNA損傷」などが目立っている。精子は裸のDNAみたいなものだから、電磁波被曝に特に弱いのかもしれない。

携帯電磁波の照射で「鶏卵の約半数が孵化しない」という研究は、斉藤論文（日本、九六年）・シモ論文（仏、九八年）・バスチデ論文（仏、〇一年）・グリゴリエフ論文（ロシア、〇三年）などがある。また、自然界での影響を直接調べる研究も増えてきている。「バルモリ論文（スペイン、〇五年）」では、携帯電話基地局から二〇〇m以内ではシュバシコウ（コウノトリの仲間）のつがいの巣の四〇%にヒナがおらず、三〇〇m以遠では僅か三・三%だったそうだから、大きな相違である。〇七年には家スズメの激減報告が二件あり、基地局の近くほど家スズメが減っている。バルモリ博士は二〇一〇年には基地局から一四〇m以内にいるカエルを調べ、オタマジャクシ段階で多くが死んでいたそうだ。その電力束密度は〇・八六〜三・二五μW／㎠で日本の規制値の約一〇〇〇分の一である。基地局周辺を調べた「マンタ論文（ギリシャ、二〇一四年）」では「ハエの卵巣のROS（活性酸素）が増加」しており、その被曝SAR値は〇・〇〇九W／kgだが、日本の規制値は部分で二W／kg、全身で〇・〇四W／kgなのである。人への影響を調べた「ガーロウェイ論文（米、二〇一四年）」では「影響が出ているので民家から三〇〇m以内の基地局の禁止」を提案しているほどだ。

二〇一七年には日本の研究が二件発表されている。一つは「ル論文」で、携帯電話を良く使用する妊婦から生まれた子供の「体重減」報告と「そのような妊婦から生まれた乳幼児の緊急輸送が増加している」との内容であった。もう一つは「白井論文」で、ラットに〇・八〜五・二GHzで〇・四W／kgの全身被曝をさせたが「妊娠・発育ともに影響なし」とアブストラクトに書かれている。しかし、ラットの数も少なく（二二匹前後）被曝量も弱く短期間の実験であり、生まれた仔の性比での雄の割合が「偽被曝で六〇・二％、高被曝で四九・一％」と明らかな差が出ていることが本文を読むとわかる。普通の人間の場合では「男子の方が多く生まれる」ことが知られていて、その性別を決めているのは精子なのだが、その精子数が最近になるほど減少していて、特に日本が顕著なのだそうだ。

電磁波被曝職業の父親から生まれる子供の性比を調べた研究も多く、その多くで男児が少なく、流産死した胎児でも男児が多いことも知られていて、精子に異常のある可能性が指摘されている。最近のレビュー論文である「サンティニ論文（伊、二〇一八年）」は、精子を中心に生殖に関する過去の研究論文の内で、「生殖に関係する抗酸化種（ＲＯＳ）・ミトコンドリアなどの細胞内の反応論文」を集めているのだが、高周波被曝で一六件、極低周波被曝で九件の論文中で「影響なし」は各々一件のみである。多くはラットやマウスを対象としているのだが、高周波では人間に関して四件もある。ミトコンドリアは細胞の約四〇％を占めていて、ＡＴＰ合成などでエネルギーを供給する組織であり、進化とも深い関係のある重要な器官である。「シング論文（インド、二〇一八年）」も生殖に関するレビュー論文だが、極低周波・高周波の危険性を指摘している。

二〇一八年七月二十八日の「ＮＨＫスペシャル：ニッポン〝精子力〟クライシス」で、ヨーロッパの四都市（コペンハーゲン：デンマーク、パリ：フランス、エジンバラ：スコトランド、ツウルク：

フィンランド）と川崎市：日本の精子数を比較した「岩本論文（二〇〇六年）」を紹介していたのだが、日本人の精子減が際立っていることを示すとともに、精子減・活動低下・ＤＮＡ損傷を取り上げて「活性酸素」のことも紹介されていた。また、二〇一八年九月十九日の「ＮＨＫクローズアップ現代：〝精子力〟クライシス：男性不妊の落とし穴」は、不妊問題を中心にした番組で「ダイタヤ論文（南ア、二〇一六年）」を紹介していた。体外受精や顕微授精などの「採卵一回あたりの成功率」を調査した六〇カ国中で、実施件数は日本が最高の一五万三七二九件なのだが、成功率は最低の六・二％であった。米国は八万一〇七五件で三四・六％だから、日本人の卵子や精子に異常がある可能性が心配になる。何れの番組も、電磁波問題には全く触れられていなかったのが残念である。ここ五十年間に精子数が約六〇〇〇万匹（一cc中）に半減しているともいわれており、二〇〇〇万匹になれば人口が急減するそうだが、日本の精子数の少なさを心配する必要はないのだろうか。先進国で電磁波のことが話題にならない国の代表例が日本だが、電磁波被曝が原因ではないことを私は祈っている。

5　自然界での動植物と電磁波の影響効果

生物の身体は、微弱な電気信号で働いたりしているので、電磁波と無関係なはずがない。人間では脳・首・背中・腹などの中心位置がプラスで手足の先がマイナス電位になっている。その電位差は最大で一〇〇mVぐらいである。細胞の内外での電位差は七〇～八〇mV程度で、筋肉の活動電位は〇・一mV～一mV程度であり、カルシウム・イオンが影響している。身体への電界・磁界の侵入などは生物にとっても危険性が高く、静磁界であっても「磁気嵐で鬱病が増加する」として、ロシアでは新聞に「磁気嵐・情報」が出ているそうである。以前から、太陽活動と動植物への影響関係に関しては、ロシアを中心に多くの研究があるからである。

ラットやマウスなどを使用した実験室での研究ではなく、自然界での動植物の影響研究も重要であり、携帯基地局周辺での動植物の異変も報告されている。「ワルドマン・セルサム論文（ドイツ、二〇一六年）」は、ミュンヘンの公園などの植物を調べた論文で携帯電話基地局周辺の多くの植物が損傷を受けていて、影響のないのは〇・〇〇五μW／cm²以下だった。携帯電話基地局などからの高周波被曝による植物への影響をレビューした「ハルガミュゲ論文（オーストラリア、二〇一七年）」では、一九九六年～二〇一六年に発表された論文一六九件の内で「生理的な効果」に関し「影響あり」が一五二件「影響なし」が一七件だった。その主なリストを表2にした。

動物に関する研究も発表されている。生殖に関する動物研究は「前項」で紹介したが、それ以外では、スイスの「ハシグ論文」が二〇〇九年・二〇一二年にあり、二〇〇九年の論文は「携帯電話基地局から二km以内にある二二九農場を調べて「子牛の（核性）白内障が増加し、重症の白内障と非白内障の比が強度V／mあたり（約〇・二七μW／cm²に相当）スイス平均の約二～三倍にも」との結果であった。二〇一二年の論文は携帯電話基地局近くの農場で「子牛の（核内）白内障の発生」を約一〇年間も調査した論文で「スイスの平均に比べて、重症の白内障の増加が三・五倍」との内容である。また、免疫で重要な役割をする牛の胸腺の遺伝子を調べた「ヘクマト論文（イ

表2　携帯電話・電磁波による植物への影響

植物	科学名	実験数	生理的影響有り	生理的影響なし	p-値
大豆	Glycine max	7	6(85.7%)	1(14.3%)	0.0547
トウモロコシ	Zea mays L	17	17(100%)	0 (0%)	<0.0001
エンドウ	Pisum sativum L	13	12(92.3%)	1(7.7%)	0.0016
大ウキクサ	Lemna minor	28	28(100%)	0 (0%)	<0.0001
トマト	(Lycopersicon esculentum. V FN-8)	9	9(100%)	0 (0%)	0.0020
玉ネギ	Allium cepa-bulbs	8	8(100%)	0 (0%)	0.0039
米	Oryza sativa L	4	4(100%)	0 (0%)	0.0625
ヤエナリ	V igna radiata	17	16(94.2%)	1(5.88%)	<0.0001
小麦	Triticum aestivum	4	3 (75%)	1 (25%)	0.2500
トウヒ	Picea abies l	4	0 (0%)	4(100%)	0.0625
ブナ	Fagus sylvaticu L	4	0 (0%)	4(100%)	0.0625
全体 (29種)		169	152(89.9%)	17 (10.1%)	<0.0001

ハルガミュゲ論文(2017年)より

ラン、二〇一三年)」では、九四〇MHzでSAR値が〇・〇四W/kgの被曝で遺伝子が有意に異常を示すと報告していて、この様な細胞レベル研究が最近ほど多くなっている。

二〇一〇年の「生物多様性条約・締約国会議(名古屋、二〇一〇年)」以降、二〇一二年からドイツの主導で始まった「生物多様性及び生態系サービスに関する政府間科学・政策プラットホーム(IPBES)」の二〇一九年春の報告書によれば、現在、世界には約八〇〇万種の動植物がいるが、八分の一が数十年以内に消える可能性があるという。その原因を巡って色々な論争があり、保護のための議論も進められている。熱帯雨林の消滅問題も重要課題であり、最近では「中国の一帯一路・道路建設」や「高周波電磁波問題:特に5G世代」も議論されているのだが、日本では知られていない。西洋ミツバチが携帯電話の電磁波被曝で「生物化学的変化を引き起こす」との「クマー論文（インド、二〇一一年）」が話題になった。結局は農薬説が原因となったらしいが、携帯基地局近くでの「アジアミツバチの行動異常」を報告した「タエ論文（インド、二〇一七年）」もある。更に、今なお、「農薬と電磁波」被曝との相乗効果説も根強く残っている。このような電磁波被曝との相乗効果による色々な影響研究も最近になって増えている。

6　高周波・電磁波の脳・細胞への影響

電磁波が「人間や動物の脳に悪影響を及ぼすのではないか」と真剣に考えられるようになってきたのは一九七五年頃からである。小さな磁石を脳内に持つ生物（人も）が発見されたり、脳細胞からカルシウム・イオンの漏洩が確認されたりしたからだ。高周波に一六Hzを混ぜた変調電磁波を鶏のヒナの脳細胞に照射した場合にカルシウム漏洩が起きたのだが、弱い変調電磁波で「人間の神経細胞でも漏洩する」との「ダッタ論文（米、一九八四年）」もあり、その被曝強度はSAR値で〇・〇五W／kgであった。以前から、この様なイオン・チャンネルが問題になってきていたのである。また、シューマン共振電磁波と極低周波が人の脳波と深い関連があることも重要だろう。

脳へ送る血液中に不純物が入らないようにしている「脳血液関門（BBB）」が高周波被曝で崩れるとの研究もある。最近になって電磁波が脳の海馬に影響を与えているとの研究が増えていて、マスケイ論文（韓国、二〇一〇年）、ナラナヤン論文（インド、二〇一〇年）、キブラック論文（トルコ、二〇一七年）キム論文（韓国、二〇一八年）などがある。ミトコンドリアやオートファジーの研究もあり、その様な細胞内の異変研究が増加している。ライ博士（ワシントン大）のPUBMED（米国の有名な医学的検索ツール）での論文検索・結果によると、活性酸素で九〇％、神経系で七二％、DNAで六四％が「影響あり論文」だそうだ（米国雑誌 The Nation:2018.3.29号）。

特に心配なのが子供への悪影響で、「子供が切れる」「テレビ脳」「ゲーム依存症」「ADHD」などと電磁波被曝との関係が真剣に議論されている。世界保健機関（WHO）も二〇一八年六月の総会で「ゲーム症・障害」を国際疾病分類（ICD-11）に追加した。また、携帯やスマホの使い過ぎで、子供の「学力低下」が問題になっている。記憶は夜間の睡眠時などに、「脳の海馬で整理されている」ことは良く知られているが、その際の「海馬のニューロン間でやり取りされる微弱な生体電気信号」よりも、電力線や携帯や電気ノイズなどの方が「数千倍も強力なのだ」とフィールズ博士（米）は「もうひとつの脳」（ブルーバックス、二〇一八年）に書いている。

「携帯電話（mobile phone）」と「鬱病（depression）」でPUBMED検索すると、四五四件もヒットするほどで、鬱病との関係に関心が高いことがわかる。「影響なし」報告もあるのだが、多くは関連を示唆している。日本の「皆川論文（二〇一四年）」では、高年齢の人を対象に携帯電話と鬱症状との関係を調べているのだが「僅かだが関連性が見いだされていて、特に女性に多い」とのことである。

ゲームや携帯画面に使用されているLED青色光による「目や睡眠への悪影響」も心配である。

韓国は携帯電話とADHDの関連性を認め携帯電話の子供の頭へのSAR値を日本の規制値の四

分の一程度に厳しくしている。

7　高周波・電磁波と発ガン

高周波被曝と発ガンの関係は軍人で問題になり、その後に放送局周辺での増加が問題になった。それが携帯電話の大普及で、特に使用場所が頭に近い脳腫瘍・聴神経腫瘍などが心配されるようになってきた。米国のガン・データを利用した「レーダー修理・従事者」を調べた「ザレット論文（米、一九七七年）では、全ガンが「四六・四倍で九五％信頼区間が二〇・四〜一〇五・七」との大きな値であった。朝鮮戦争中に無線とレーダー信号を被曝した海軍・軍人を調べた「ロビネット論文（米、一九八〇年）」で「全ガンで一・五四倍」で有意な結果だったが、ガンや循環器系以外の病気の方が「三・六〇倍で九五％信頼区間が一・五〇〜八・七一」と大きかった。電磁波被曝がガン以外の方が問題なのかもしれないことを示していた論文として重要であろう。これ以降、職業人を対象とした研究が大幅に増加するのだが、ここでは最近の携帯電話関係の論文を紹介することにした。

携帯電話と脳腫瘍の関係を調べる疫学研究はスウェーデンのハーデル博士が中心になって一九九九年から行われていたが、その結果が増加を示したことで、世界中で研究が行われ始めたのである。二〇〇一年の「ヨハンソン論文（スウェーデン）」は四二万人を調べたコホート研究で「影響が見られない」との結果だったが、多くの利用者は三年間以内の短期使用者だったことから、批

表3　長期間の携帯電話・コードレス電話使用による脳腫瘍のリスク

積算使用時間（h）	研究名	腫瘍	増加率（ＯＲ）	95％信頼区間	コメント
1640+	インターフォン	神経膠腫	1.82倍	1.15 ～ 2.89	
1640+	ハーデル他	神経膠腫	2.31倍	1.44 ～ 3.70	DECT使用含む
≧896	クーレウ他	神経膠腫	2.89倍	1.41 ～ 5.93	
>1640	インターフォン	聴神経腫	2.79倍	1.51 ～ 5.16	比較データ以前に５年使用
>1486	インターフォン	聴神経腫	2.6倍	1.5 ～ 4.4	Ｐ=0.052
100時間当たり	ハーデル他	聴神経腫	10.30%	2.4 ～ 18.7％	>腫瘍サイズ
>2000	ムーン他	聴神経腫	8.80%	2.3 ～ 15.7％	>腫瘍サイズ
≧1640	インターフォン	神経膠腫	3.77倍	1.25 ～ 11.4	1 ～ 4年使用（プロモーション効果?）
≧1640	インターフォン	髄膜腫	4.80倍	1.49 ～ 15.4	1 ～ 4年使用（プロモーション効果?）
>2376	カールベルグ他	髄膜腫	1.4倍	0.9 ～ 2.0	DECT使用含む
≧896	クーレウ他	髄膜腫	2.57倍	1.02 ～ 6.44	
≧896	クーレウ他	神経膠腫	8.20倍	1.37 ～ 49.07	都会でのみ使用
積算使用年					
10+	インターフォン	神経膠腫	2.18倍	1.43 ～ 3.31	比較（1 ～ 1.9）
10+	ハーデル他	神経膠腫	2.26倍	1.60 ～ 3.19	DECT使用含む
>5 ～ 10	ハーデル他	脳腫瘍	1.7倍	0.98 ～ 2.8	携帯電話
>25	ハーデル他	脳腫瘍	2.9倍	1.4 ～ 5.8	
>5 ～ 10	ハーデル他	脳腫瘍	2.3倍	1.6 ～ 2.3	
>20	ハーデル他	脳腫瘍	4.5倍	2.1 ～ 9.5	
１年当たり	ハーデル他	聴神経腫	7.40%	1.0 ～ 14.2％	>腫瘍サイズ
>10	ムーン他	聴神経腫	4.50%	-1.3 ～ 10.7％	>腫瘍サイズ

モルガン論文（2015年）より引用

判が相次ぎ、その結果として長期研究の必要性が浮上してきた。その最大の研究が世界一三カ国が参加した「インターフォン計画」である。その結果が二〇一〇年に発表され「聴神経腫瘍の増加」「神経膠腫（脳腫瘍）の増加」を示すものだったこともあり、ついに国際ガン研究機構IARCは二〇一一年に高周波・電磁波を「2B：発ガンの可能性あり」に指定したのである。ハーデル博士は数多くの論文を発表しているが、二〇一四年の論文では、携帯電話の使用年数とともに神経膠腫が増加して行き、二十五年以上の使用で三倍にもなっている。日本の「佐藤論文（二〇一一年）」もヘビーユーザの聴神経腫瘍が約三倍に増加と発表しているが、インターフォン計画への同グループの報告では調査人数が少なかったからか「影響なし」であった。

「長期間の使用による脳腫瘍リスク」をまとめた「モルガン論文（米、二〇一五年）」を表3とした。

ハーデル・グループは甲状腺ガンの増加もスマホが原因ではないかと二〇一六年に指摘しているので、その論文中の女性の増加を示した経年変化を図5としたのだが、最近の上昇が異常である。

職業人や軍人を調査した「血液リンパ系のガン」の疫学研究八件の全てで「明らかに増加」しているので、「IARCの1：発ガンありにすべき」との「ペレッグ論文（イスラエル、二〇一八年）」も発表されている。英国の一九九五〜二〇一五年の神経膠腫（脳腫瘍）の発生率を調査した「フィリップス論文（英、二〇一八年）」では、その期間に「額や側頭部での発ガン」が約二倍に増加しており、特に、最初の五年間と最後の五年間で比べると、十五〜十九歳の男子の発ガンが約

図５　スウェーデンにおける20～39歳女性の甲状腺がんの増加

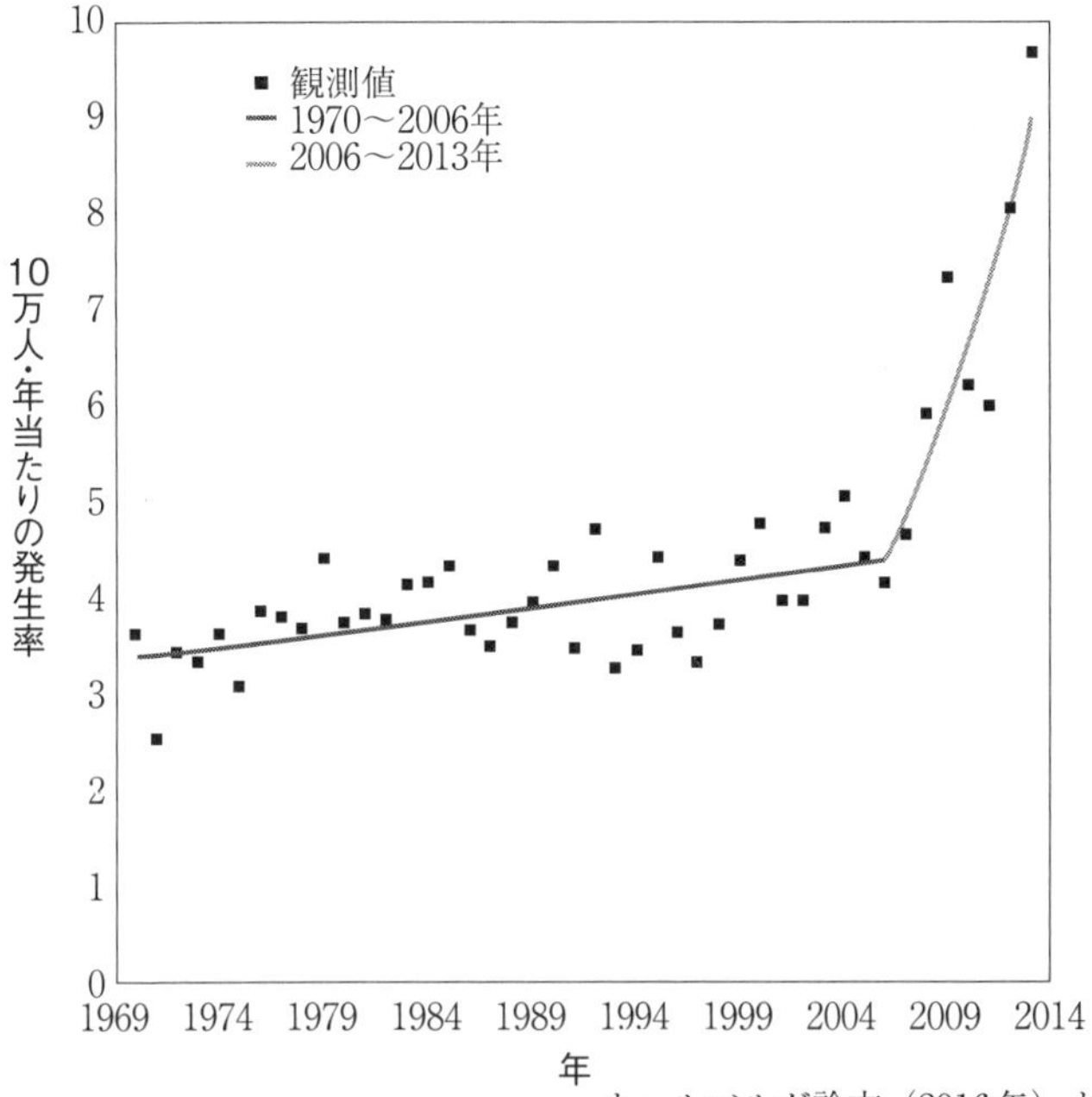

カールベルグ論文（2016年）より

三倍にも増加しているのだが、それを図６に示した。論文は原因を調べているわけではなく「環境か社会スタイルが原因だろう」と結論しているが、携帯電話使用に不安になるのは私だけだろうか。

　この様な論文増加とＩＣＮＩＲＰの新ガイドラインの発表時期が迫っていることで、「２Ｂ」ではなく「２Ａ（発ガンの可能性が高い）」や「１」にしてＩＣＮＩＲＰガイドラインを「以前より厳しくすべき」との意見も強くなっている。

　二〇一八年に米国とイタリアから大規模な動物実験の

図６　年齢別・性別の多種・神経膠腫の発生率（英国）の変化
：1995 〜 1999年と2011 〜 2015年の5年間の平均

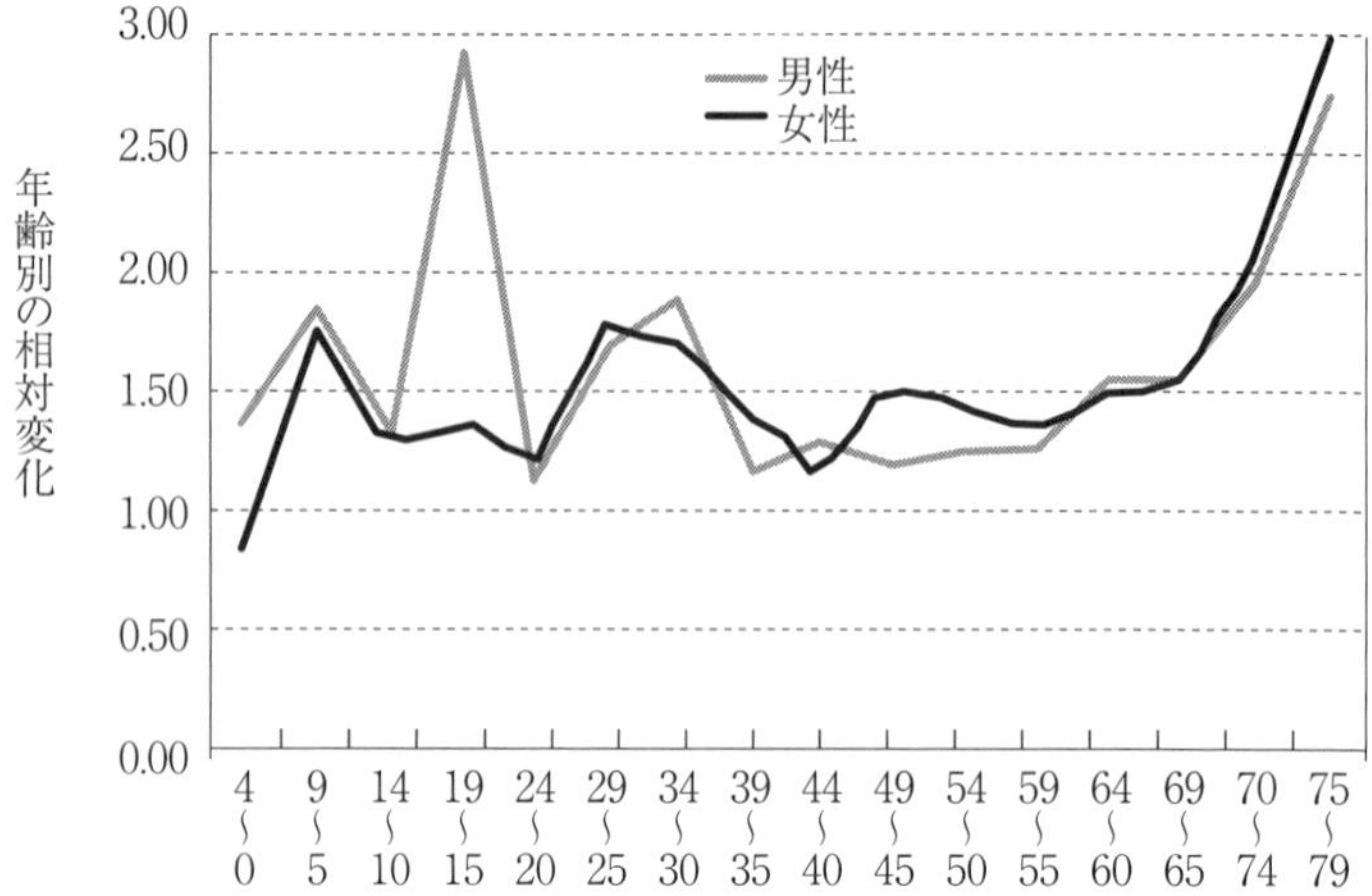

フィリップス論文（英2018年）より引用

発ガン結果が報告された。米国の報告は「国家毒性計画：ＮＴＰ」という政府が費用を出した研究で、イタリアの報告は毒性研究で有名なラマツィーニ研究所の報告である。前者は「約九〇匹のラット・マウスに条件の異なる携帯電磁波を二年間被曝させた実験」で、後者は「雄・雌のラットを二〇〇匹から四〇〇匹使用し、携帯基地局周辺の強度の電磁波を約三年間被曝させた実験」であった。ラットの寿命は最大で三年間であり、ラマツィーニ研究に比べて、ＮＴＰ研究が二年間の追跡であり、人間でいえば七〇歳ぐらいで止めていることにも批判があった。いずれにしろ、二件ともが「雄ラットの心臓シュワノーマ：神経鞘腫の増加」を示したのである。その結果を表4、表5に示した。表5の被曝強度は携帯電

表4　NTP研究の結果

(GSM及びCDMA変調高周波に被曝した雄ラットの神経鞘腫の発生率)

	比較群	GSM	GSM	GSM	CDMA	CDMA	CDMA
全身SAR値	0W/kg	1.5W/kg	3W/kg	6W/kg	1.5W/kg	3W/kg	6W/kg
実験動物数	90	90	90	90	90	90	90
心臓***	0*	2(2.2%)	1(1.1%)	5(5.5%)	2(2.2%)	3(3.3%)	6 (6.6%)**
他の場所****	3(3.3%)	1(1.1%)	4(4.4%)	2(2.2%)	2(2.2%)	1(1.1%)	2 (2.2%)
全体（合計）	3(3.3%)	3(3.3%)	5(5.5%)	7(7.7%)	4(4.4%)	4(4.4%)	8 (8.8%)

*GSMとCDMAに対する明白なSAR値レベルに対応する傾向、poly3テスト、（p <0.05)

**比較群よりも明白に高い、poly3テスト、（p <0.05)

***　NTP研究における歴史的比較群の発生率：9/699（1.3%)、範囲0～6%

****縦隔、胸腺と脂肪

表5　ラマツィーニ研究の結果

(基地局の変調高周波に被曝したラットの長期間生物検定：心臓の神経鞘腫の発生率)

グループNo.	GSM高周波の強度 1.8GHz			動物 性別		心内膜神経鞘腫		心壁内神経鞘腫		全神経鞘腫	
	V/m	μW/㎠	W/kg	性別	数	数	%	数	%	数	%
I	0	0	0	雄	412	0	0.0	0	0.0	0	0.0
	0	0	0	雌	405	0	0.0	4	1.0	4	1.0
	0	0	0	合計	817	0	0.0	4	0.5	4	0.5
II	5	6.6	0.001	雄	401	2	0.5	1	0.2	3	0.7
	5	6.6	0.001	雌	410	2	0.5	7	1.7	9	2.2
	5	6.6	0.001	合計	811	4	0.5	8	1.0	12	1.5
III	25	165.7	0.03	雄	209	1	0.5	0	0.0	1	0.5
	25	165.7	0.03	雌	202	0	0.0	1	0.5	1	0.5
	25	165.7	0.03	合計	411	1	0.2	1	0.2	2	0.2
IV	50	663	0.1	雄	207	2	1.0	1	0.5	3	1.4
	50	663	0.1	雌	202	1	0.5	1	0.5	2	1.0
	50	663	0.1	合計	409	3	0.7	2	0.5	5	1.2

ファルシオニ論文（2018年）に追加（強度など）

表6　NTP報告の最終結果（専門家パネルでの結果を中心にリスト）

動物	性	携帯電話変調方式	腫瘍タイプまたは場所	ガンの明瞭さ	
				NTP：ドラフト報告	専門家パネル　（評決結果）
ラット	雄	GCM	心臓：神経鞘腫	ある程度の証拠	明白な証拠　（8人：3人）
ラット	雄	CDMA	心臓：神経鞘腫	あり程度の証拠	明白な証拠　（8人：3人）
ラット	雄	GSM	脳：神経膠腫	不定	ある程度の証拠（7人：4人）
ラット	雄	CDMA	脳：神経膠腫	不定	ある程度の証拠（6：4：1）
ラット	雄	GSM	副腎髄質	不定	ある程度の証拠（6：4：1）

ハーデル論文（2019年）より引用

話基地局周辺の強度であり、ICNIRPガイドライン値よりも低い値だったことがわかる。

ラマツィーニ研究所は民間の研究所であるのに対して、NTP研究は米国政府の要請に基づく研究であったから、その結果をどの様に考えるかを巡って、論争が巻き起こったのも当然であった。最後は、「専門家パネル」の一一人の委員の投票に持ち込まれ、「雄ラットの心臓・神経蛸腫」に対して「明らかな証拠といえるか」との質問に対しての投票で「明らか：八人」で「否定：三人」で、「明らかな証拠」に分類されたのである。また、「脳の神経膠腫」に対しても「ある程度の証拠」を認定したことも重要であろう。その最終結果を「ハーデル論文（スウェーデン、二〇一九年）」から引用して表6に示した。「ハーデル論文」では「NTP研究の結果を受けて、IARCは1指定にすべきだ」ということを、自らの行った今までの多くの研究結果を含めて詳細に主張している。

この二件の動物実験も計画以来、約十年間近くかかり、古いタイプの携帯電話だったが、今や4G世代になり、更に5G世代に直面しているのだ。技術の進歩に安全研究が追い付いていないことも大問題である。

この「NTP研究」を巡る論争に関しては、日本の「電磁界情報センター」は二〇一六年六月二十日号で、同センターの「学術専門家グループ」の代表であるレパコリ教授（伊）が、「歴史的発生率（過去の比較群の発ガン率）が高い」ことを中心にして「NTP研究結果」に対する否定的な見解を掲載しているのだが、最終結果が「明らかな証拠」となったことでどの様な弁解をしているのだろうか。メディアの多くは「電磁界情報センター」に相談しているようだが、「電磁波ムラ」の代表の様なセンターに頼るのではなく、メディア独自の調査を期待したいものである。

ところが、二〇一八年七月のICNIRPガイドライン案の公開ドラフトでは「疫学研究は無視する」「動物実験でのガンの増加の証拠はまだ証明されていない」として切り捨てている。残念なことだが、その作成の中心は日本の様に思われる。EU諸国と米国との対立の中で、米国のいいなりになる日本が仲介役をしているのかもしれないが、米国政府の命令で実施された「NTP報告の結論」を無視するわけにはいかないのではないだろうか。

二〇一九年の「メーベル生理医学賞」は「低酸素ストレス」の研究者に与えられた。発ガン機構とも関係が深く、「酸素ストレス」は「電位相関型カルシウム・チャンネル」とも応答していて、この受賞を機会に「酸素生物学」が発展することを私は期待している。

8　ボストン郊外の「PAVE - PAWS」での影響問題

「イージス・アショア」の電磁波問題を語るときに、マサセーセッツ州ボストン市の南東にあ

いかないので、そこで議論された影響問題を述べることにする。ケープ・コッド岬は風景も良く、人気のある場所だった様である。ＰＡＶＥ－ＰＡＷＳは当初から住民の反対が強く、たびたびメディアに紹介されたこともあり、色々と疫学研究も行われた。「モスクワ・シグナル事件」が起きたこともあり、その様なマイクロ波の危険性を指摘した人気週刊誌「ニューヨーカー」の記者である「ブローダー記者」の活躍も大きかったといえるだろう。ブローダー記者は、アスベストの危険性を指摘して、「アスベストを廃止に追い込んだ人物」でもあり、「大電力線の隠蔽」や「メドウ街の悲劇」などで「極低周波・磁界の危険性」を問題にし、一九七七年には『ザッピング・オフ・アメリカ：米国の殺戮（マイクロウェーブ　その死にいたる危険と隠蔽）』との本を出版し、ベストセラーになったほどである。

一九九五年秋には、電磁波問題に関心のある日本の団体が協力して、ブローダー記者を招待して各地で講演をして頂いたこともある。彼はコッド岬に住んでいたから、「ＰＡＶＥ－ＰＡＷＳ」の電磁波問題を話題にしたのは当然のことである。それでも、米ソの冷戦構造の真っただ中だったこともあるからか、建設が強行された。その頃、まず話題になったのが「モスクワ・シグナル事件」での増加が多かった乳ガンなどの問題で、水質や農薬などとの関係なども調査されたが、明らかにはならずしまいであった。

「配電線の近くでの小児白血病の増加」で知られる「ワルトハイマー論文（米、一九七九年）」もあり、イージス・アショアの稼働後も疫学研究が行われることになった。その最初が「クーガン論文（米、一九九八年）」で、「北ケープ・コッド郡」の電力線周辺の乳ガンを調べた疫学研究では増加傾向は見られず、最も高かったのは「送電線や変電所から一五二m以内」で「一・五倍」だったが、統計的に有意ではなかった。

翌年の「クーガン論文（米、一九九九）」は同じ「北ケープ・コッド郡」の女性・職業人を対象とした乳ガンに関する疫学研究で、「十年以上の中程度・重度の被曝」で「一・七倍」の増加率だが「九五％信頼区間が〇・九〜三・三」であり、可能性は高いようだが「統計的に有意」とはいえない結果であった。

二〇〇四年に発表された「マッケルベイ論文（米）」では、「ケープ・コッド郡に五年以上住んでいた女性の乳ガンが一・七二倍（九五％信頼区間：一・一二一〜二・六四倍）に有意に増加」と報告している。

また、マサチューセッツ州の報告書（二〇〇七年）によると「エウィング類（柔らかい組織）の小児ガン」がケープ・コッド郡で三・八四倍（九五％信頼区間：一・五四〜七・九二）に有意に増加しているし、小児リンパ腫も標準的発生率（ＳＩＲ）がケープ・コッド郡で一・九五倍で、中部ケープ・コッドに限ると三・三二倍の有意な増加を示していたが、それでも確定は出来ず、また子供の「注意欠陥多動症ＡＤＨＤ」もＰＡＶＥ‐ＰＡＷＳの探査方向である東方で増加しているのだが、証拠とは断定できなかった。一体、どのような場合に証明されたことになるのだろうか。

一度、建設されてしまうと危険性の証明はとても困難で、ＰＡＶＥ‐ＰＡＷＳ周辺の住民は今なお不安感を持っているようで、引っ越しをする人もいるようだ。そんな不安感を持ちながら平和な気持ちで生活できるとは私には思えないのだが、そのような現地調査を、イージス・アショアを導入しようとする日本政府は本気で行うつもりなのだろうか。相変わらず「規制値以下だから、安全だ」との主張に徹するのだろうか。

9 レーダー基地・放送タワー周辺の影響研究

「イージス・アショア」と異なる「レーダー基地」周辺での研究も多くはない。沖縄の様に「レーダーの多い場所」での疫学研究をして欲しいとは思うのだが、なされてはいない。高周波の影響研究は、以前から手軽に入手できるような「電子レンジの二・四五GHz帯」で行われてきたのだが、その様な電子レンジ・高周波は「変調されていない高周波」であり、特に問題になるのは「極低周波で変調された高周波だろう」といわれている。その様な変調・高周波の中でも「パルス電磁波が特に問題」なのだが、レーダー電波は特に強いパルス状の電波を発信するのだから、心配になるのが当然である。

携帯電話が普及し始める以前では、レーダー基地や放送タワーなどが、高台に立ち並ぶことが多く、その周辺での研究が行われてきた。最初の頃の論文に「レスター論文（米、一九八二年）」がある。詳細は良くわからないのだが、カンザス州ウィチタにある米国空軍のレーダー基地周辺を調べたところ、ガンの発生率が有意に高くなっていた。その論文に対する批判があったので、一九八五年に再調査した論文が発表されたのだが、以前の内容を補強した結果だった。一九八四年にも博士は「空港のレーダー基地近くの住民にガン患者が多い」ことを報告している。

放送タワー周辺では、「ヘンダーソン報告（米、一九八六年）」でハワイの放送タワー周辺でのガンの多発が指摘されたが、有名なのが「ホッキング論文（オーストラリア、一九九六年）」である。シドニー郊外の三つの放送タワー周辺で「小児白血病の死亡率が二・三二倍、小児リンパ性白血病の死亡率が二・七四倍」との有意な結果であり、世界中の関心を集めたのだった。

同じ年に発表されたのが、ラトビアのスクランダ放送局・レーダー基地周辺の疫学研究で、牧場の牛六八頭と遠方の牛一〇五頭の血液を調べた「バローデ論文（ラトビア、一九九六年）」である。赤血球の小核現象の異常が六倍にも増加しているとの内容であった。同じような場所にある小学生を調べた研究も同時期に発表されているのだが、子供の反応時間の遅れや学習能力の遅れなどが見いだされている。

バチカン放送タワー周辺での小児白血病の増加を示した「ミケロッジ論文（伊、二〇〇二年）」も世界中で話題になった。世界中にローマ法王の「神の声」を伝える短波放送なのだが、一km地点で六倍、五km地点でも二・一倍の増加を示しており、強い電波が日本向けだったこともあり、それが真っ先に停波されたことで日本でも話題になったほどだ。

携帯電話・基地局などの電磁波での研究は幾つも報告されているが、残念なことに、レーダー基地周辺での疫学研究が少ないのは、レーダー基地が国の計画だからかもしれない。沖縄で白血病が多いのは有名であるが、基地の多い沖縄の電磁波被曝も要因の可能性もあるのではないかと私は心配している。

10　電磁波過敏症について

電磁波に過敏に反応する「電磁波過敏症」の存在が見いだされたのは一九八〇年代で、米国のレイ博士が命名したのが一九九〇年であった。世界中に多くの患者がいて増える一方である。「今までに一七件の報告があり、しかも増加傾向を示していて、対数目盛での傾向がこのまま続くとすると二〇一七年には五〇％になる」と警告する「ハルベルク論文（スウェーデン、二〇〇六年）が発表されているが、現時点ではそんなに高くはないようである。日本の研究は北条論文（二〇一七年）のみだが、三～五・七％とのことである。女性の方が多いようで、心臓圧迫・ストレス・精神不安・頭痛・睡眠障害などに悩んでいる。

電磁波過敏症の存在を認知しているのはスウェーデンとスペインだけだが、正式な病気症状とはまだ認められてはいない。WHOも電磁波過敏症に関する国際会議を開催しているのだが（〇四年）、結論合意にいたらず、WHOのファクトシート（〇五年十二月）では「存在は認めた」のだが、多くの人は「思い違いしているようだ」との報告内容であった。診断方法がはっきりとしていないことが問題なのである。電磁波過敏症を認知すると、基準値を大幅に低くする必要性が生じることに反対する勢力が強いのであろう。ブルントランド元WHO長官（元ノルウェー首相で小児科医）も「電磁波過敏症であること」を新聞紙上で告白しているのは有名である。

延岡市の訴訟ではKDDI基地局の周辺で多くの人々が現実に「頭痛や耳鳴り」に悩んでいる

のに敗訴し、しかも「危険性の証明は住民がすべき」という驚くべき判決であった。勝訴したＫＤＤＩの測定でも、稼働後に実に「一〇〇〇倍」にも道路上の電磁波が強くなったことを認めているのだが、「法律の規制値以下で安全だ」とＫＤＤＩは主張している。弱い被曝での長期間の影響研究は極めて少なく、それだからこそ二〇一八年の米国とイタリアの動物実験結果に注目が集まったのだが、何故か日本のメディアはその結果を無視し続けているようだ。

二〇一九年七月になって、スウェーデン・フィンランド・デンマーク・英国などの参加するコホート研究「ＣＯＳＭＯＳ計画」の最初の「携帯電話使用と頭痛・耳鳴り・聴力ロス」に関するスウェーデンとフィンランドの結果が発表になったが、「弱い頭痛に関してのみ少し増加傾向で一・一三倍（九五％信頼区間〇・九五〜一・三四：ｐ値〇・〇六）だが、耳鳴り・聴力低下は関連なし」との内容であった。スウェーデン二万一〇四九人・フィンランド三一二〇人で四年間の調査だが、参加国全体の結果や長期間の使用での増加などが問題である。また、この論文で注目されるのが、「ＣＤＭＡ方式」より「ＵＭＴＳ方式」の携帯電話の方で頭痛が増加していることであり、変調技術の相違が原因なのかもしれない。

欧米の一五人の研究者の連著による「ベリヤエフ論文（ウクライナ、二〇一六年）」によると「電磁波過敏症」の人に対する規制値として「極低周波では三〇nT以下、中間周波数では〇・三nT以下、高周波では10^{-3}μW／cm²以下」を提言している。ＩＣＮＩＲＰのガイドライン値よりも大幅に低い値であることがわかる。しかし、ＩＣＮＩＲＰは「電磁波過敏症」の存在を無視しているのが問題である。

11　5G世代・電磁波の問題点

最近になって、三〜五〇GHzあたりに相当する五G世代・電磁波の使用が話題になっており、その使用・反対運動が欧米で盛んになっている。以前から軍事用にXバンドの一〇GHzが使用されており、「一〇GHz、SAR=〇・〇一四W／kg」被曝でラットの血液中のメラトニンが減少し、精子のクレアチンキナーゼ活性も増加し、睾丸が縮小するなどの不妊の可能性が増加をするとの「クマー論文（インド、二〇一〇年）」もあった。

精子に関する研究では、「五〇GHz、〇・〇〇八W／kg」でラット精子のアポトーシスが増加するとの「ケサリ論文（インド、二〇一〇年）」や「三〇〜三〇〇GHz」でラットの精子異常の増加を示した「サバチナ論文（ロシア、二〇〇五年）」や「九・四五GHz、一・八W／kg」でラットの精子数の減少を報告した「アクダック論文（トルコ、一九九六年）」などがある。妊娠・発育に関しては「〜五・二GHz、〇・四W／kg」の「白井論文（日本、二〇一七年）」があり、「影響なし」報告だったが、性比に問題があることを4項で紹介した。

「九・四二GHz、二W／kg」でマウスの子の行動・能力の低下を示した「ツアング論文（中国、二〇一五年）」や「五四〜七八GHz、六〇μW／cm²」の被曝でウニが影響を受けているとの「ガラット論文（ロシア、一九九九年）」や「六GHz、三五mW／cm²」でラットの胎児の体重減を報告した「ジェンシュ論文（米、一九八四年）」がある程度ではないか。

図7　高周波被曝によるラット染色体の粘性異常

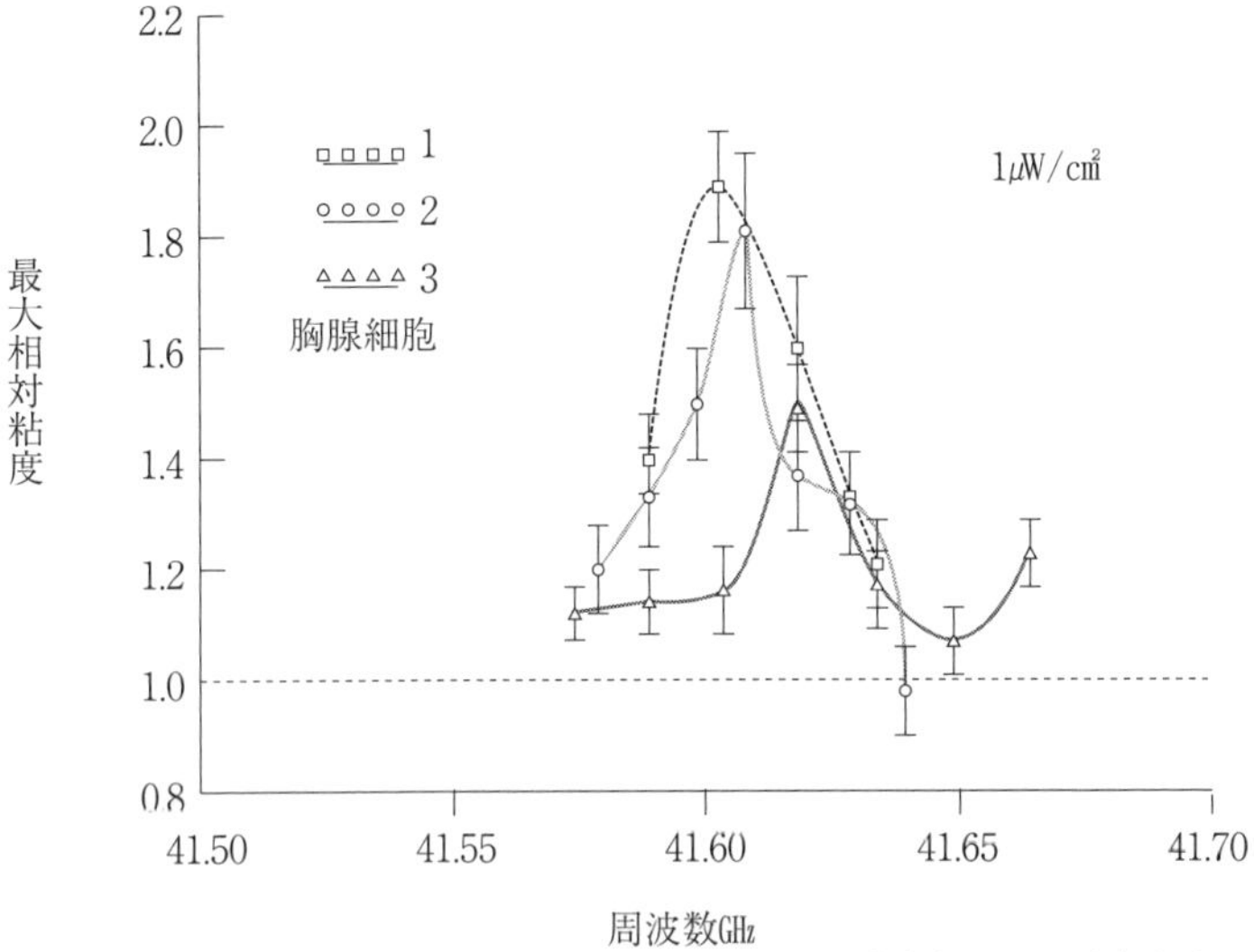

ベリヤエス論文（ロシア1994年）より引用

5G世代・電磁波は波長が短く（ミリ波）、皮膚の表面から中には入りにくいこともあり、皮膚表面の小さな面積に直接に被曝させても「熱効果のみ」であるから影響はないだろうと考えられてきていた。しかし、生物の細胞分裂の最後は「脳と皮膚」であり、皮膚は生物にとって重要な組織であり、外部環境との接点であることから、情報を内部に伝達する役割を担っているはずだ。また、波長が短いことは身体全体への共振現象ではなく、組織の内部にある器官に直接影響を及ぼす可能性があり、重視するべき問題点なのだが、その様な研究が極めて少なく、その一つの論文が「ベリヤエフ論文（ロシア、一九九九年）」なので、それを図7にした。

ラットの胸腺細胞の染色体に一μW／㎠の弱い高周波を被曝させたところ、四一・六一GHz前後で粘度異常の共鳴現象が見いだされたのである。図からもわかる様に、極めて狭い周波数帯にのみ反応しているわけで、「熱効果」で説明できる現象ではない。5G世代・電磁波がどの様な細胞組織と共鳴して異常を起こすのかは不明なのであり、その様な研究を十分に進めてから、5G世代・電磁波利用を考えるべきであろう。

12 防衛省の考え方

「防衛省」は、電磁波強度に関しては「日本の規制値である一mW／㎠＝一〇〇〇μW／㎠以下は安全」という立場に徹している。私は「その値がとても高いこと」を以前から主張しているが、最近の世界の動向を見ると、その国際非電離放射線防護員会ICNIRPのガイドライン値に対して、極低周波であれ、高周波であれ、疑問が出てきていることは間違いないのである。防衛省は「イージス・アショアの電磁波は安全」と主張しているが、多くの問題点がある。

一mW／㎠＝一〇〇〇μW／㎠の規制値は、国際非電離放射線防護員会ICNIRPのガイドライン値を日本は導入しているからだが、このガイドラインは「高周波被曝は身体の温度を上げるような熱効果しかない」との立場で「作成されたガイドライン」である。また「国際」と名がついているが、ICNIRPは民間の組織であり、「業者団体の利益を重視しすぎている」との非難もあるほどだ。最近になって「世界保健機構WHO」との間での対立が問題になっていて、新しい

ＩＣＮＩＲＰガイドラインの改訂版を巡って論争が続いていることも知っておいて頂きたい。防衛省は「世界保健機関（ＷＨＯ）はＩＣＮＩＲＰのガイドラインに定める基準値を尊守すれば、動植物に影響を与えることはないとの見解」と書いていて、ＩＣＮＩＲＰのことを「ＷＨＯが公式に承認する非政府組織で電磁波に対する人体防護のガイドラインを策定」とも書いているが、ＷＨＯが二〇一六年に「国家・国際組織ではないＩＣＮＩＲＰ」への支持を停止している状態であり、独自の見解を出す準備をしている最中であるが、防衛省は「それを知らない」のか、「知っていてＷＨＯを利用しているのか」は私にはわからない。

電磁波の強度に関しての「一㎽／㎠＝一〇〇〇㎼／㎠」の規制値は、「熱効果のみ」で決められているが、「非熱効果」は最近になって明らかになってきているのである。その「熱効果のみ」の根拠になったのは「一度の温度上昇まで安全」であり「それに五〇倍の安全係数を考慮する」という考えである。更に防衛省の「細部要領」では「六分間の測定」と書かれていることも重要である。「六分間の測定」であれば「被曝した身体の上昇温度が平衡になるはず」との建前で行われているのだが、その被曝状態が一日中続くわけで、寝ている時やどんな時であれ、その様な被曝が続いても良いはずがない。精子の様な生のＤＮＡもあるわけで、生殖との関係も心配されるし、複雑な人体の構造がどんな時にどのような反応を示すかが大問題になってきているのに、軍や大企業の利益を優先するような「熱効果派」が主流のままで「一㎽／㎠」という高い数値が「ＩＣＮＩＲＰガイドライン値」として「日本の法律」などになっているのが問題である。そのことに気づいたＥＵ諸国などが中心になって、ＷＨＯやＩＡＲＣなどがＩＣＮＩＲＰと対立し始めているともいえる。「イージス・アショア」の電力束密度を「ザルツブルクの自主規制値」以下になる様に防衛省は苦慮しているように思えるのだが、そんなに低くは絶対にできないはずである。建設前であることに便乗して、勝手なことをいっているように私には思える。

発ガンなどの悪影響のことは、防衛省の発表した「資料」には全く触れられておらず、「農産物を含む植物や家畜などの動物に対する影響はありません」と主張しているのだが、日本政府はその様な研究をしたことがあるのだろうか。少なくとも私は知らないので、その危険性に関する研究例として、「ワルドマン・セルサム論文（独、二〇一六年）」や「ハルガミュゲ論文（オーストラリア、二〇一七年）」のことを5項で紹介したのである。

13　電磁波と規制値問題など

ＷＨＯの「健康の定義」は「健康とは病気でないとか弱っていないということではなく、肉体的にも、精神的にも、そして社会的にも、すべてが満たされた状態にあることをいいます」（日本ＷＨＯ協会・訳）である。「不安感を持ちながら生活する」ことは健康な状態ではないはずだが、最近になってＩＣＮＩＲＰは「便利な生活が満たされている状況」も重要だとして、規制値を高くしようとする動きさえ見えるようである。

ＷＨＯは〇七年六月に「環境健康クライテリア：ＥＨＣ２３８」を発表したのだが、極低周波磁界による小児白血病の可能性を正式に認め、予防原則的対策を求めている（毎日新聞二〇〇七年六月二日)。日本は二〇一一年三月末の福島原発事故の大混乱期に「原子力安全保安院」がICNIRPの「二〇一〇年・極低周波ガイドライン」である二〇〇μTを法制化し、五月に国交大臣が「リニア新幹線」を認可した。そのICNIRPの値は「疫学結果を採用しない値」であり、また「これ以下にしなさい」という上限値だが、日本は「これ以下は安全」と読み替えてしまうのである。高周波に関して、日本の規制値は一GHz前後では一〇〇〇μW/cm²であるが、周波数によってはICNIRPガイドライン値よりも少し高く設定されている。ザルツブルク州(オーストリア)の有名な自主規制値(勧告値)には〇・〇〇一μW/cm²(室外)と〇・〇〇〇一μW/cm²(室内)があり、ウクライナやルクセンブルクは~二・五μW/cm²、パリやモスクワは一μW/cm²、欧州議員会議の決議は〇・一(当面)で中期的に〇・〇一最終的には〇・〇〇一μW/cm²を目指している。

IARCは二〇一一年五月に極低周波と同様に高周波も「2B」に指定したが、ICNIRPは基準を緩くする可能性があり、その現われが二〇一八年七月の「公開ガイドライン案」である。しかし、そのICNIRPのガイドラインに対して、WHOは「ICNIRPは業界団体が中心の機関であり、WHOとしては今後は支持しない」との主旨を決めているはずだが、そのことも日本では知られていない。

二〇一八年八月十七日付の「小野寺・防衛大臣からの山口県知事・萩市長への回答」の三二ページを読んで驚いたのだが、その中に「3．なお、この電波防護指針は、世界保健機関(WHO)が支持するガイドラインと合致した科学的・客観的な指針であるとともに、……、これを満たす限り安全上の問題はないと考えられます」と書いているのだが、現時点で「WHOが支持するガイドライン」とは何なのだろうか。この点も防衛省は明らかにするべきであろう。

二〇一九年四月に、WHOの下部機関である「国際ガン研究機関（IARC）」が「発ガンのランク付け」を行う「報告書：モノグラフの見直しを行う」との声明を発表した。二〇一一年五月にIARCは「モノグラフ」を発表して「高周波被曝で発ガンの可能性がある」として「2B分類」に指名したことは良く知られている。今回の見直し作業は、二件の動物実験結果を受けたものだが、「発ガン可能性が高い：2A分類」か「発ガンあり：1分類」に変更する可能性もあり、その今後の検討結果に関心が寄せられている。

一方、WHOと決別したICNIRPは、今までと異なり、WHOの「環境健康クライテリアEHC：RF版」の最終結果が出る以前に、欧・米・日の「熱効果のみ派」のメンバーの多いことを背景にして「新ガイドライン」の発表を急いでいて、二〇二〇年五月にソウルで開催される「ICNIRPの国際会議」までに「新しいガイドラインを発表する」との声明文を二〇一九年五月に発表した。その「新ガイドライン」は今までと同じ様な内容になる可能性が高く、AIや5G技術を巡っての世界的な争いの中で、安全性の研究もなされないままで「市場に出回っている」ことへの多くの科学者の批判をも無視して、「熱効果だけ」で突っ走るようである。それに対して、EU諸国がどの様な反応をするかにも関心が集まっている。「非熱効果の危険性が高い」との研究傾向がドンドンと強まっているのだから、「規制値以下だから安全だ」として「イージス・アショア建設に同意する」のではなく、後で後悔しないようにして欲しいものである。急ぐ必要はないのであり、しっかりと学習して欲しいものである。

14　電磁波問題と予防原則・思想

「予防原則・思想」は「科学的に不確実性が大きな場合のリスクに対応するため」の原則であり、「危険性が十分に証明されていなくても引き起こされる結果が取り返しのつかなくなるような場合に、予防的処置として対応する」考え方である。九二年ブラジル「環境サミット」の「第15宣言」にも盛り込まれ、ミレニアム年の二〇〇〇年二月にEU委員会は「環境問題は、今後、予防原則を基本とする」ことを決定している。フランスは〇五年三月「予防原則を憲法に取り入れている。その頃から、電磁波に関しても「予防原則を考えるべきだ」と主張する論文も増え始めてきている。EU諸国が中心の「ISO26000：社会的責任ガイダンス（二〇一〇年十一月に発効）」では放射線（能）も電磁波も「予防原則」の対象になったのだが、「危険な可能性がある限り、安全性が確認されるまでは排除しよう」との流れが世界中で広がっている。

その典型例が温暖化やオゾンホールなどの「地球環境問題」で、原発・電磁波問題もその流れで考える必要がある。人間の果てしない欲望のシンボルの一つが、この電磁波利用なのであり、自然界の電磁波強度との比較などが真剣に議論されるようになった最近の傾向を考えながら、人類の生存を考慮することも重要なはずである。

高周波利用の増大が、特に5G技術の登場で不安感が増大してきており、世界中で著名運動が行われていて、二〇一五年五月には世界中四一カ国の科学者二一五人が「電磁場と無線技術から人と野生動物の保護」を訴えて「国際連合」「WHO」に要望しているし、二〇一七年には多くの科学者が「5G携帯電話の危険性に関する警告声明」を発表している。生物多様性に関する国際会議（IPBES）とも関連しているのだが、二〇一八年末には「国際アッピール：地上と宇宙での5G廃止にむけて」が幅広く行われ、二〇一九年八月には、四〇カ国以上二四五人の科学者と一二万四四五八人の署名が集まっている。

この「国際アッピール」では、宇宙空間からの「フェイズド・アレイ・アンテナ」による照射問題にも触れられていて、「イージス・アショア」と同じ様な問題が指摘されている。今や、電磁波問題は、地球上のみならず宇宙空間にまでに拡大しているといえよう。

また、環境ホルモンでも議論になったことだが、「女子出産が多い」や「精子異常」などは、以前から電磁波分野でも話題になっている。日本の死産児の内、男児の割合が七〇年代から急増、今では女児の二・二三倍にもなっている（『サンデー毎日』〇二年四月十六日号）。更に妊娠初期の一二〜一五週の死産に限定すると一〇倍である（朝日新聞〇四年六月四日付）。ここで述べた様に、電磁波被曝には多くの問題点があり、最近ほど悪影響研究が増えているのであるから、「危険な可能性が高い」と考え、「危険性が確定するまでは安全だ」と考えている様な、国や企業のいいなりになるのではなく、EU諸国が実施し始めているように子供や胎児の立場を重視して厳しく対処する必要がある。

健康や生存に関わる重要な「電磁波問題」なのに、何故、日本では諸外国に比べて問題にされないで放置されているのだろうか。ケネディ大統領の「消費者の権利」教書は「米国の消費者基本法」に導入されているのだが、「安全である権利」「知らされる権利」「選択できる権利」「意見を反映される権利」である。しかし、残念なことに日本の「消費者基本法」に取り入れられることがなかった。電磁波問題は、世界中の研究状況をも自ら学びながらゆっくりと考えるべきであり、現世利益を優先するのではなく、将来のことをも考えて判断すべきなのではないだろうか。

【主な参考文献】

1　荻野晃也著『ガンと電磁波』（技術と人間、一九九五年）
2　共著『高圧線と電磁波公害』（緑風出版、一九九七年）
3　荻野晃也著『携帯電話は安全か？』（日本消費者連盟、一九九八年）
4　チェリー著『電磁波の健康被害』（中継塔問題を考える九州ネット編、二〇〇五年）
5　フィールズ著『もうひとつの脳』（講談社「ブルーバックス」、二〇一八年）
6　ソコリスキー著『磁化水——真実と虚構』（日ソ通信社・新日本鋳鍛造協会、一九九一年）
7　荻野晃也著『健康を脅かす電磁波』（緑風出版、二〇〇七年）
8　荻野晃也著『危ない携帯電話』（緑風出版、二〇〇七年）
9　共著『隠された携帯基地局公害』（緑風出版、二〇〇三年）
10　荻野晃也・分担『予防原則・リスク論に関する研究』（本の泉社、二〇一三年）
11　荻野晃也・分担『危ないリニア新幹線』（緑風出版、二〇一三年）
12　荻野晃也著『身の回りの電磁波被曝』（緑風出版、二〇一九年）
13　荻野晃也・分担「近代科学技術と予防原則：原発から電磁波まで」（アソシエ二〇〇三年一〇号一四二～一五七ページ）
14　荻野晃也・分担「リニア新幹線に関する電磁波問題」（岩波書店『環境と公害』二〇一九年四九巻一号一九～二二ページ）

15 防衛省「イージス・アショアの配備について」（令和元年五月）

16 防衛省「陸自対空レーダーを用いた実測調査の細部要領について」（以下「細部要領」という）：平成三十一年三月八日）

17 「An Assessment of Potential Health Effects from Exposure to PAVE PAWS Low-Level Phased-Array Radiofrequency Energy」（The National Academies Press,2005）

18 Massachusetts Dep. Of Public Health「Evaluation of Incident of the Ewing's Family of Tumors on Cape Cod, Massachusetts

第五章　イージス・アショアと安倍政治

横田　一

1　参院選秋田選挙区で巨象をアリが倒し——配備反対の寺田静氏が奇跡的勝利——

陸上配備型ミサイル迎撃システム「イージス・アショア」配備が大きな争点となった二〇一九年七月二十一日投開票の参院選秋田選挙区（改選一）で、巨象をアリが打ち倒すような結果となった。安倍自民党が全面支援をする現職の中泉松司候補（自民公認・公明推薦）が、配備反対を訴えた政治家経験ゼロの子育て中の主婦・寺田静候補にまさかの敗北を喫したのだ。

秋田では、前回（二〇一七年十月）の総選挙で県内三小選挙区で自民党が全勝、「東北の乱」が起きた三年前（二〇一六年）の参院選でも野党が東北地方で五勝一敗と勝利する中で秋田だけ自民党が議席を死守していた。それなのに今回の参院選では、三小選挙区と参院選一議席を自民党が独占する〝秋田・自民王国〟で、しかも七〇〇を超える企業・団体から推薦を受けた現職の中泉氏が、新人の野党統一候補の静氏に敗れるという大番狂わせが起きたのだ。それほど秋田市の陸上自衛隊新屋演習場が候補地のイージス・アショア配備に対する県民の反発は強く、その逆風が中泉氏を直撃したためとしか考えられないのだ。

大金星をあげた寺田氏の当確が出たのは、七月二十一日二十一時二十五分。すぐに支持者から歓声と拍手が沸き起こり、石田寛・選対本部長（社民党秋田県連合代表）が陣営関係者らと抱き合う中、別室にいた静氏が現れて「ありがとうございます」と何度も頭を下げた。そして立憲民主党秋田県連の小原正晃代表（県議）の発声で万歳三唱した後、五歳の長男と一緒に花束をスタッフから受け取った。

続く記者会見では、イージス・アショア配備強行の安倍政権と対峙する姿勢が静氏から見て取れた。安倍首相が二回も秋田に応援演説に入ったことから「アリが巨象を打ち倒した勝因は何ですか」「イージス・アショア配備反対の民意が示されたと思いますか」という私の質問に対して、静氏は次のように答えたのだ。

「(勝因は) 何事も力でねじ伏せようとする今の政治はおかしいという県民の思いが集まった結果」「イージス・アショア反対の民意が示された。配備の阻止に全力を注いでいきます」。

まさに「アリが巨象を倒した」と表現するのがぴったりの奇跡的勝利だったといえる。安倍首相をはじめ菅官房長官や小泉進次郎・環境大臣（当時は厚生労働部会長）の大物議員が続々とテコ入れに駆けつける「巨象」「巨大戦艦」のような相手陣営に対して、草の根選挙で対抗して競り勝ったからだ。

本命県議の固辞で候補者選考が難航する中、二カ月間をかけて静氏を説得して自ら選対本部長を務めた石田氏は万歳三唱後の囲み取材で、「今後の野党選挙協力のモデルになる」と力説、アリが巨象を倒した勝因分析を次のようにしていた。

「『母親目線』『生活者目線』の勝利です。演説内容への指導は全くなく、候補者に任せて思うところを訴えてもらいました。不登校経験や弟さんとの死別などの『生い立ち』をかなり詳しく訴えることになったのはこのためですが、かつて自らもそうだった弱い立場の人に寄り添う姿勢が共感を呼んだのは間違いありません」。

たしかに静氏は「母親目線」を打ち出していた。七月四日の告示日の第一声では、イージス・アショア配備について「私の息子を含め秋田の子供たちにイージス・アショアのある未来を引き継がせたくない」と身近で切実な問題として訴えていた。

また石田氏は、「安倍首相と菅官房長官が二回も秋田入りしたことでイージス・アショアへの関心がかえって高まった」とも指摘した。秋田配備への賛否を問う県民投票（住民投票）のような様相を呈してきたというのだ。「（参院選で）私が負けたら秋田（県民）の理解を得たといって計画が進む」と静氏が訴えていたのはこのためだ。

「しかも安倍首相は中泉氏への応援演説で『秋田へのイージス・アショア配備は必要』と言い切った。中央ゴリ押しの秋田配備を食い止める『県民代表（オール秋田）候補』という期待感が静氏への追い風になったのです」（石田氏）

2　安倍首相はイージス・アショア配備の必要性を強調するフェイク演説

寺田氏当選の追い風になったという安倍首相の応援演説は、ラストサンデー前日の七月十三日と投開票日前日の二十日。一回目は県北の大館市と大票田の秋田市と県南の横手市、二回目は秋田市だけであったが、いずれもイージス・アショア配備についての演説時間は約一分間にすぎず、その内容も同じだった。一回目の応援演説で安倍首相は、配備候補地の陸上自衛隊新屋演習場を抱える秋田市で、「まずイージス・アショアについてお話をします」と切り出して、次のような謝罪をした。

「イージス・アショアについては緊張感を欠いた不適切な対応がありました。極めて遺憾であり、言語道断であります。まず秋田県の皆さまに心からお詫びを申し上げたいと思います」

調査報告書の角度計算ミスや職員の居眠りなどの不手際連発の防衛省を厳しく批判したものの、秋田への配備方針に変わりはなかった。安倍首相はイージス・アショアの必要性について次のように強調したのだ。

「私は日本の安全保障政策の責任者であります。国民の安全を守り、命を守り抜いていくためにはイージス・アショアがどうしても必要です。しかし安全保障政策を前に進めていく上においては、国民の皆様、地域の皆さまの理解がなければ、進めていくことは出来ません。まずは調査をやり直す。そして第三者と専門家を入れて徹底的に調査をしていくことをお約束を申し上げる次第です」

フェイク演説とはこのことだ。一つ目の虚偽発言が、安全保障政策を進めるには「地域の皆さまの理解」が不可欠と強調した部分である。すでに防衛省は今年（二〇一九年）四月、イージス・アショア二基の購入契約を米国側と締結していたのだ。秋田でも山口でも地域住民の理解が得られていない状態で見切り発車をしており、「言行不一致」「嘘八百」と言われても仕方がないのだ。

二番目の虚偽発言が「国民の安全を守り、命を守り抜いていくためにはイージス・アショアがどうしても必要」の部分。これは、購入の経過に目を向ければ、嘘であることがすぐに分かる。海上配備型ミサイル迎撃システム「イージス艦」を八隻にする倍増計画が進行中だった二〇一七年十一月、日米首脳会談でのトランプ大統領の米国製兵器爆買要請を安倍首相は快諾、翌十二月にイージス・アショア購入が閣議決定された。米国に「NO！」と言えない〝安倍下僕外交（政治）〟のせいで日本国民の血税を貢ぐと同時に、日本の国土の一部を有事の際に攻撃対象になる米国防衛前線基地として献上する羽目にもなったのだ。

安倍首相のフェイク演説は続いた。日米首相の関係は対等で「トランプ大統領にきちんと物が言える」かのようなエピソードを次のように披露したのだ。

「『恐らくトランプ大統領は型破りの大統領だ』と思っておられると思います。トランプ大統領は意外と人の話を聞くのです。『意外』というのは少し語弊があるかも知れませんが、私の話の筋が通っていると思えば、『分かった、シンゾー、協力するよ』と言って協力をしてくれます。米国は日本にとって唯一の同盟国。日本がもし海外から侵略を受けたら、日本を守るために戦ってくれる唯一の国です。米国の大統領と信頼関係を持つことは日本の総理大臣として最大限の責任があると考えています」

すぐに素朴な疑問が浮かんで来た。それは、「なぜ安倍首相は『日本はイージス艦倍増計画中だから新たにイージス・アショア購入は必要はない』という筋の通った話をトランプ大統領にしなかったのか。そうすれば、秋田配備もしなくて済む」というものだ。そこで応援演説後、聴衆とのハイタッチを終えた直後の安倍首相を直撃、「総理、秋田が攻撃対象になっていいのですか、イージス・アショアで」と声をかけた。しかし安倍首相は、こちらを一瞬振り向いた後、一言も発することなく車に乗り込んで走り去った。

3　安倍首相の虚偽発言をより実感できる米国シンクタンクの論文「太平洋の盾」

自画自賛が得意な安倍首相の虚偽発言をより鮮明に実感できるイージス・アショア配備関連論文が去年（二〇一八年）五月、米国の民間シンクタンクである「戦略国際問題研究所（CSIS）」から発表されていた。

タイトルは「Shield of the Pacific: Japan as a Giant Aegis Destroyer（太平洋の盾　巨大な〝イージス駆逐艦〟としての日本列島）」で、著者はThomas Curako上級研究員。福留高明・元秋田大学准教授が去年（二〇一八年）八月にフェイスブック上でこの論文を和訳して要点を投稿、地元紙の秋田魁新報が今年（二〇一九年）一月に福留氏のコメントと共に紹介し、広く知られるようになった。論文の要点は次の通りである。

(1)　日本に二箇所のイージス・アショア拠点が実現すれば、太平洋地域のミサイル防衛能力を増強する重要な第一歩となるだろう。そして、その潜在的可能性は計り知れない。

(2)　今日、アジア太平洋地域におけるミサイルの脅威は多種多様であり、日米の共同防衛体制もその状況に対処しなければならない。両国間においていくつかの変化が進行中で、いまや日本は巨大な〝イージス駆逐艦〟としての役割を構築しようとしている。

(3)　今回、秋田・萩に配備されるイージス・アショアのレーダーは、米国本土を脅かすミサイルをはるか前方で追跡できる能力をもっており、それによって、米国の国土防衛に必要な高額の太平洋レーダーを建設するためのコストを軽減してくれる。このことは日米同盟を強化するだけでなく、そのレーダーを共有することでおそらく一〇億ドルの大幅な節約が実現できる。

(4) 現在、米国本土についてはGMD（米本土防衛システム）によって長距離弾道ミサイルの攻撃から守られている。一方、ハワイ基地・グアム基地・東海岸などの戦略拠点は攻撃から手薄な状況に置かれている。しかし、日本やNATOのイージス・アショア配備計画によって、これらを利用することにより、かかる問題を解消できる見通しがついた。

この論文は、以下のような安倍首相の実態を浮き彫りにするものだ。

〈トランプ大統領の言いなりの安倍首相は米国防衛費節約に貢献するイージス・アショア購入を決定、日本国民の血税を米国軍需産業に貢ぐと同時に、日本の国土の一部（秋田と山口の陸上自衛隊演習場）を米国防衛前線基地として献上する〝売国奴的下僕外交〟に邁進している〉

こんな屈辱的光景も目に浮かぶ。

それは、「米国に『NO!』と言えない従順で気弱な安倍首相がトランプ大統領に『米国兵器爆買ぼったくりバー』に連れ込まれて購入を決定、そのツケを秋田と山口県民を含む日本国民（納税者）に回している」というものだ。

ここからイージス・アショア購入の経過を詳しく振り返ってみよう。

4　米軍基地のあるハワイとグアム防衛が目的

二〇一七年十一月の日米首脳会談の共同会見で安倍首相は、トランプ大統領の失礼な冗談にまったく反論できずに「忠実な従属的助手の役割を演じている（Japanese leader Shinzo Abe plays the role of Trump's loyal sidekick）」（ワシントンポスト）と酷評されたが、米国製兵器大量購入の要請に対しても「（海上配備型ミサイル迎撃システムの）イージス艦の量・質を拡充していく上において、米国からさらに購入していくことになっていくだろう」と快諾。そして翌十二月にイージス・アショア二基購入が閣議決定された。

しかしイージス・アショアは過剰な（不必要な）米国製防衛装備品である可能性が極めて高い。すでに防衛省はイージス艦を四隻から八隻にする計画を進行中で、イージス艦二隻分の稼働が一隻で済む「システム進化（性能向上）」も同時並行的に進んでいた。従来の四隻体制に比べて四倍も機能強化される計画が進行中であるところに、新たにイージス・アショアを陸上配備する必要性は皆無に等しいといえるのだ。

それなのに、なぜイージス・アショアが割り込んできたのか。この謎を解くカギは、福留氏がフェイスブックで紹介した世界地図である。地元紙「秋田魁新報」は二〇一九年一月九日に「秋田の延長上にハワイ」と題して福留氏作成の地図（　　頁参照）を掲載、こう解説した。「北朝鮮からハワイ、グアムへの最短経路が直線で描かれる図法を用いた。地上イージスの配備候補地とされる秋田市と山口県北部が、直線とほぼ重なっていることが分かる」。

複数の軍事評論家も「米軍基地のあるハワイとグアム防衛が目的。日本防衛のためなら北朝鮮と東京の間の能登半島周辺が適地となる」と指摘したが、これを福留氏は一目で分かるように可視化したといえる。

イージスシステムは強力な電波を発して弾道ミサイルを探知して迎撃するが、海上と陸上のどちらに配備するかで日本国民への影響は全く違う。

海上のイージス艦なら電波による健康被害も迎撃ミサイルの落下物リスクもほとんどないが、陸上のイージス・アショアはこの二つの弊害だけでなく、有事の際に攻撃対象になるリスクも加わる。住民が住みたくなくなる危険エリアを国内に作り出す弊害もあるのだ。日本国民の生命安全や財産を損なう恐れがあるイージス・アショア配備は、「売国奴的安倍下僕政治（外交）」の産物としか言いようがないのだ。

5　参院選秋田選挙区応援に駆けつけた菅官房長官はイージス配備に全く触れず

不可解なのは、秋田生まれの菅義偉官房長官だ。政権ナンバー2で安倍首相に物が言える立場にあるにもかかわらず、生まれ故郷が米国防衛前線基地と化して北朝鮮の先制攻撃で秋田県民を危険にさらすイージス・アショア配備に異論を唱えず、参院選秋田選挙区の自公推薦候補の応援演説で秋田に駆けつけた時も一言も語らなかったからだ。

イージス・アショア問題が参院選の一大争点となりつつあった二〇一九年六月十六日、菅氏は生まれ故郷の秋田県湯沢市で、講演と地熱発電所の視察をした後、秋田市内のホテルで開かれていた参院選秋田選挙区候補の中泉松司参院議員の総決起大会に駆けつけて、約二十二分間の応援演説をした。

しかし、その内容は安倍政権下で進んだふるさと納税拡大（約六分間）や外国人観光客増加など自画自賛のオンパレードで、連日のように報じられていたイージス・アショア問題については全く触れなかった。防衛省の調査報告書のレーダー照射角度の計算ミスを地元紙「秋田魁新報」がスクープしたことで全国ニュースになり、住民説明会での防衛省職員の居眠りや津波対策の必要性隠蔽（未記載）も重なって県民の怒りは爆発。来年度中に結論を出す意向を示していた佐竹敬久秋田県知事が「白紙に戻す」と言い出してもいた。

当然、安倍政権ナンバー2で秋田生まれでもある菅氏から何らかの釈明があると思って演説に耳を傾けていたが、自ら推進したふるさと納税への思いなどを詳しく語っていき、安全保障に触れ始めた時には身構えたが、参院選一人区で野党統一候補で全て一本化したことについて「共産党は日米安全保障条約廃棄、自衛隊は解散だ。そうした人たちに日本を任せられるわけがない」と批判をするだけで、政府与党が進めるイージス・アショア配備については何もなかったかのようにスルーしたのだ。

二〇一八年九月の沖縄県知事選でも菅氏は辺野古の「へ」の字も口にしない争点隠し選挙を貫徹したが、参院選秋田選挙区でも同じ手口を使った。そこで応援演説後、佐竹敬久知事や秋田県連自民党国会議員から要望書を受け取る場面の頭撮り（撮影）が許された一室で、誰もが抱く疑問を投げかけた。

「菅さん、イージス・アショアについて一言お願いします。故郷が攻撃対象になるのではありませんか。（応援演説で）なぜ触れなかったのか。一言お願いします」

だが、菅氏はやや引きつった笑顔を浮かべたものの一言も発せず、質問を続けようとした私はスタッフに囲まれて室外へと押し出された。そこでは、菅氏に手渡された要望書が報道関係者に配布されていたが、中身を見ると、何とイージス・アショアに関する記述が一行もない。秋田県も自民党秋田県連も、中央から予算を引き出すことには熱心でも、国策に異議申立をすることには不熱心であったのだ。

そんな忖度色の強い地元の要望をしっかりと受け止めるセレモニー的な写真撮影を終えた菅氏は、知事や国会議員らとの懇談会（非公開）にも出席。そこでドアの前で待ち構えて出てきた時に再び直撃、同じ質問をぶつけたが、二回目も無言のまま、エレベーターに乗り込んだ。

政権ナンバー2の官房長官として故郷・秋田を訪れたのに、安倍政権自画自賛演説を延々とする時間は取っても、地元の懸念事項であるイージス・アショアについては一秒も割かない対応は、県民を愚弄するものとしか言いようがない。

「秋田で生まれ育っても今は神奈川の人。県民よりも安倍政権を支えることしか考えていないのでしょう」と吐き捨てた配備反対派の声が蘇り、いくつもの疑問が沸き上がってもきた。「生まれ育った秋田にイージス・アショアを配備しないで済む代替案をなぜ検討しないのか。郷土愛は残っていないのか」「米国兵器爆買のツケを故郷に押し付ける配備計画を見て見ぬふりできるのはなぜか」「秋田から上京し市議から権力中枢に上り詰めたのは、米国の下僕に等しい安倍首相を支えるためだったのか」。

6　岩屋防衛大臣（当時）は新屋演習場ありきの前提は変えず

岩屋毅防衛大臣（二〇一九年七月の参院選当時）も安倍首相と五十歩百歩だった。秋田（六月十七日）と山口（七月三日）を訪問して両県の知事らに謝罪はしたものの、安倍首相と同じように両県への配備方針を変えることはなかったのだ。

イージス・アショア問題に関する野党合同ヒアリング初会合から四日後の六月十七日、岩屋毅防衛大臣は午前中に佐竹・秋田県知事、午後からは穂積志・秋田市長に謝罪した。防衛省の調査報告書の誤りや防衛省職員の居眠りについてお詫びをした上で、原田憲治・防衛副大臣が本部長の「イージス・アショア整備推進本部」を早期に立上げることを明らかにし、角度計算ミスについても現地実地調査を約束した。しかし、新屋演習場への配備を見直す姿勢は全く見せなかった。

謝罪後の会見で、新組織発足と追加調査で幕引きを図る岩屋氏に根本的質問をぶつけた。まず福留氏が指摘して秋田魁新報も紹介したことについて「（北朝鮮と秋田の）延長線上がハワイになっているため、『ハワイを守るための前線基地』という見方がある。ハワイを守るために米軍の意向で秋田になったのではないか」と聞いてみた。

すると、岩屋氏は「そういうことは全くありません。あくまでも我が国を守るための全空域をくまなく守るための装備です」と答えた。

次に「津波対策で土地かさ上げが必要だというが、費用がいくらかかるのか」と聞くと、岩屋氏は「まだ、そういう正確な数字は出ていない」と回答したので、こう畳み掛けた。「であれば、イージス艦で代替して（海上配備で対応する閣議決定前の従来案と閣議決定後の新屋配備案を比べて）どっちがより費用対効果が高いのか白紙に戻って検討すべきと考えてはいないのか」と問い質すと、不可解な反論が返って来た。

「イージス艦については最終的に八隻体制にする予定です。しかしイージス艦はあくまで船ですから、空の守りにどうしても隙間が生じる恐れがある。従ってイージス・アショアを配備することによって、日本の二十四時間、三百六十五日切れ目のないミサイル防衛システムを整えておきたいという考えです」

最後に「もともと後から割り込んできたもので、米国兵器爆買のために秋田を犠牲にすることにならないのか」とも質問したが、岩屋氏は「全くそういう指摘は当たらないと思います」と否定した。

説得力が乏しい防衛大臣発言のオンパレードと思わないだろうか。「船だから空の守りに隙間が生じる」という回答は理解不能である。秋田市沖と山口県北部（萩市と阿武町）沖にイージス艦を配置すれば、陸上配備のイージス・アショア二基と同等の機能を発揮するのは明らかだ。

先に紹介した福留氏紹介論文にある「いまや日本は巨大な『イージス駆逐艦』としての役割

を構築しようとしている」という記述は、イージス艦に積んである海上配備型ミサイル迎撃システムを陸上配備したのがイージス・アショアということを意味する。海上（船）であろうが、陸上（イージス・アショア）であろうが、ミサイル迎撃機能に変わりはなく、隙間が生じるはずはないのだ。「日本防衛目的の装備」という岩屋防衛大臣発言も、福留氏紹介の世界地図と並べると、嘘八百のフェイク答弁であることが一目瞭然になるのだ。

7　山口でも不可解な答弁を続けた岩屋防衛大臣（当時）

岩屋大臣は秋田に続いて山口県庁を訪れて知事らに謝罪をしたが、ここでも不可解な答弁を連発した。謝罪面談後の記者会見で、「グアムを守る、米国を守る前線基地になるというアメリカのシンクタンクの論文があるが、これで住民の理解は得られると思うか」と岩屋氏に聞くと、次のように答えたのだ。

「その論文についてては私も拝見しておりますが、このミサイル防衛体制というのはあくまでも我が国の防衛のために行うものであり、『米国の防衛をする』という指摘は当たらないと思っているし、もとより米国は我が国よりも相当に強固なミサイル防衛体制を常にお持ちであると理解をしている」

理解困難とはこのことだ。秋田と山口へのイージス・アショア配備で日本列島が「太平洋の盾」となると書いてある同じ論文を読んだ岩屋大臣がなぜ、「我が国の防衛のため」という正反対の認識に行き着くのかは不可解としか言いようがなかったが、会見時間が限られていたため、「山口沖にイージス艦を置けば、代わりになるのではないか」と次の質問をすると、岩屋氏から再び理解困難な回答が返ってきた。

「イージス艦の場合には、どうしても船でありますので、隙間が生じることになる。（イージス・アショアのように）やはり二十四時間三百六十五日、ミサイル防衛に専念できる装備・部隊・施設というのは必要だと考えています」

イージス・システムは、隣国から放たれた弾道ミサイルを強力な電波を発するレーダーで軌道を割り出して迎撃ミサイルを発射、撃ち落すものだが、海上のイージス艦に置こうが、陸上配備型のイージス・アショアであっても基本的機能に差はない。もちろんイージス艦の場合、定期点検や乗組員交代のためのローテーションが不可欠だが、予備船を用意しておけば「隙間」が生じることはない。しかもイージス艦は倍増計画が進行中で、いま以上に余裕が出来るため、山口沖と秋田沖への常時停泊も可能のはずだ。そうすれば、陸上へのイージス・アショア配備と同じ機能を発揮して購入が不必要となり、両県民を危険にさらすこともなくなる。

納得がいかなかったので、「陸でも海でもイージス・システムは同じではないか。なぜ海上（イージス艦）では駄目なのか」と再質問をしたが、また説得力に乏しい回答しか返って来なかった。

「海上の場合はミサイルの発射手段が非常に多様化して来ていますので、予め兆候を察知して、そこに向かって船を出すことが非常に難しくなって来ております。地上で万が一のミサイル迎撃に備える体制を整えることは非常に我が国のミサイル防衛体制にとって不可欠だと思います」（岩屋氏）。

これも理解不能な回答だ。現在の四隻から八隻に倍増するのだから山口沖と秋田沖への常駐は可能だし、そもそもミサイル発射の兆候を予め察知して、そこに移動させることは陸上配備型のイージス・アショアでは不可能なのだ。

山口沖へのイージス艦常駐について何度も聞いたのは、イージス・システムを海上と陸上のどちらに配備するかで日本国民への影響は全く違うからだ。海上のイージス艦なら電波による健康被害も迎撃ミサイルの落下物リスクもほとんどないが、陸上のイージス・アショアはこの二つの弊害だけでなく、有事の際に攻撃対象になるリスクも加わる。住民が住みたくなくなる危険エリアを日本の領土内に作り出す弊害もあるのだ。

こう思いながら「山口沖に置くのと（山口県のむつみ演習場に配備予定の）イージス・アショアで何が違うのか」と畳み掛けたが、岩屋氏は「だから常に山口沖に置くわけにはいかないということです」と同じ回答を繰り返したので、「（現四隻から倍増して）八隻になるから置けるのではないか」と問い質すと、遂に〝安倍下僕外交（政治）〟を裏付ける発言が岩屋氏から飛び出した。

「そんなことはない。イージス艦の任務は多様ですので、ミサイル防衛だけに特化をして運用するわけにはいかないわけです」

これを言い換えると、「もともとはイージス艦を倍増して対応する計画だったが、途中でイージス・アショアが割り込んで来たので、過剰となったイージス艦を他業務に回すことにした」となる。

五月二十七日の秋田県での説明会で配布された防衛庁の説明用資料「イージス・アショアの配備について」にも、必要性等について次のように書いてあった。

「我が国周辺において、警戒監視任務等の所要が大幅に増加しています。（中略）イージス・アショアの導入により、イージス艦を弾道ミサイル防衛以外の任務や訓練に充てられるようになり、我が国の対処力、抑止力を一層強化することになります」

トランプ大統領に「NO！」と言えない〝安倍下僕外交（政治）〟のせいで余計なイージス・アショアを購入する羽目になった結果、倍増計画が進行中のイージス艦が余ってしまい、仕方ないので他業務に回したともいえる。防衛予算の無駄遣いとはこのことだ。

8　小泉進次郎氏もイージス・アショア配備に触れない

二〇一九年九月から環境大臣に就任した小泉進次郎氏も安倍政権の重鎮たちと同じ穴のムジナだった。七月四日の参院選告示日に秋田県内三カ所でマイクを握って自公推薦の中泉候補の応援演説をしたが、イージス・アショアについて一言も触れない〝争点隠し演説〟で事足りたからだ。

自公推薦候補の応援演説で三回現地入りした去年（二〇一八年）九月の沖縄県知事選でも進次郎氏は、辺野古新基地建設の「へ」の字も語らなかったのと同様、参院選秋田選挙区でもイージス・アショアの「イ」の字も口にしなかったのだ。

約十二分間の演説で大半の時間を割いたのが、争点に急浮上した「年金二〇〇〇万円問題」だが、ここでも進次郎氏は、麻生太郎・財務大臣が金融庁の審議会の報告書を受け取らなかった〝隠蔽工作〟への釈明も謝罪もせず、制度に対する理解不足が年金不安の原因と強調、人生百年時代に合わせた年金制度改革に一緒に取り組んでいる中泉氏への支持を訴えた。

続いて進次郎氏は、「(年金問題以外に)もう一つ、我々の世代が問われている大きなテーマは、アメリカと中国という二つの大きな国に挟まれている日本が何を強みに生きていくのかということです」と国際問題について語り始めたので、トランプ大統領の米国製兵器爆買要請を安倍首相が快諾して二基購入が決まったイージス・アショアの説明をするだろうと思って耳を済ませたが、期待はすぐに裏切られた。アメリカについては「アメリカは変わって来ましたね。ずいぶんアメリカ人、変わって来ました」とだけで済ませ後、大半を自由に制限がある中国批判に費やし、中国と違って自由な選択が可能な国作りをしている「自由民主党」への支持を訴え、演説を終えたのだ。

あまりに我田引水的な〝争点隠し演説〟に唖然としながら、秋田新幹線で二カ所目の街宣場所に移動しようとする進次郎氏を直撃、「イージス・アショアについて触れなかった理由は何ですか。大きな争点じゃないですか」と聞くと、私の方をちらりと見て「触れていないことは他にも一杯ありますから」と反論。すぐにスタッフが間に入って引き離されたが、「秋田の重要な問題じゃないですか。イージス・アショアについて一言」と声を張り上げたが、無言のまま改札口に入っていった。

そこで、最後（三カ所目）の街宣を終えて車に乗り込んだところを再直撃、「イージス・アショアに触れなかった理由は何ですか」と同じ質問をぶつけたが、ここでも「触れていないことは他にも一杯ありますよ」という回答。納得がいなかいので、「秋田が攻撃対象になるじゃないですか。アメリカのシンクタンクの『CSIS（戦略国際問題研究所）』の論文を読みましたか。イージス・アショアが『太平洋の盾』になると。ハワイを守る前線基地になるじゃないですか」と窓越しに声をかけたが、無回答だった。

「YOUは何しに日本へ?」というバラエティ番組と進次郎氏の素っ気ない対応が合体し、「あなたは何しにCSISで研究員をしていたのか」という不信感が募ってきた。先に紹介した論文「太平洋の盾：巨大な〝イージス駆逐艦〟としての日本列島」を出したCSISにかつて在籍していたのなら当然、進次郎氏は論文に目を通し、秋田と山口がハワイとグアムの米軍基地を守る米国防衛前線基地として機能、有事の際に専制攻撃対象となってしまうことは知っているはずだ。それなのに進次郎氏は、安倍政権がゴリ押しするイージス・アショア配備計画で、生命や安全や財産が脅かされる秋田県民を前にして、米国シンクタンクの元研究員としての説明責任を果たそうとしなかった。トランプ大統領の米国製兵器爆買要請を断れない安倍首相の〝下僕外交（政治）〟を黙認したようにしか見えないのだ。

告示六日後の七月十日、二回目の滋賀選挙区入りをした進次郎氏を再直撃、走り去る車の窓越しに「CSISの論文は読んでいないのか」と同じ質問をぶつけたが、この時も無言のままだった。

親子の違いを目の当たりにすることにもなった。父親の小泉純一郎・元首相は、日本国最高権力者の安倍首相に対して「原発ゼロ社会を目指すべきだ」と原発推進政策の転換を訴えている。それに比べて息子の進次郎氏は「秋田と山口県民の命と安全を脅かすイージス・アショア配備は撤回、イージス艦で代替すべき」と異議申立（政策提言）をしようとしなかったのだ。

トランプ大統領に「ＮＯ」と言えない対米従属の安倍首相がイージス・アショア購入を決定、日本国民の血税を米国軍需産業に貢ぐと同時に、日本領土の一部を米国本土防衛基地として献上するに等しい〝米国下僕外交（政治）〟を目の前にしてもなお、進次郎氏が口を噤んでいるのは将来の総理候補としては情けないのではないか。進次郎氏が「米国益第一・日本国民二の次」の安倍政権（首相）に対して異論を唱える日は来ないのだろうか。

9　寺田静候補の奇跡的勝利「秋田モデル」は野党選挙協力のお手本になる⁉

参院選秋田選挙区の結果は、秋田県民の民意をはっきりと示すことになった。トランプ大統領の要請を断れずに購入決定をした安倍首相をはじめ、〝安倍下僕外交（政治）〟を追認するだけの岩屋大臣や進次郎氏ら大物国会議員が次々と秋田入りしても、秋田県民に響くことはなかったのだ。「母親目線」「生活者目線」でイージス・アショア配備反対を訴えた子育て中の静氏が、総力戦を展開した中泉陣営に競り勝ったのだ。それは、巨象に押しつぶされそうなアリの草の根的な訴えの方が有権者に届いたためと考えられるのだ。

出口調査結果にも、そんな浸透力の違いは現れていた。静氏は野党支持層を固めた上に約七割の無党派層の支持を受け、自民党支持者の約二割、そして公明党支持者の約四割を切り崩していた。翁長雄志・前沖縄県知事が「イデオロギーよりもアイデンティティ」を合言葉に辺野古新基地阻止で一致する幅広い政治勢力結集を呼びかけて沖縄県知事選に勝利したのと同様、今回の参院選秋田選挙区も「国策追随型候補　対　地域を守る草の根候補」という構図だったのだ。「米国第一・日本国民二の次」の〝安倍下僕政治〟に異議申立をして初当選をした寺田静氏の夫は、知事を輩出した名門寺田家に生まれた寺田学衆院議員。本人もイージス・アショア反対候補の擁立で動いていたが、本命視していた県議が固辞して選定が難航、子育て中の専業主婦の妻に白羽の矢が立った。悩んだ末に決断した静氏が重視したのが「生活者目線」「主婦目線」だったのは当然のことでもあったのだ。

そして参院選告示前の六月十六日の美郷町の集会では次のように訴えた。

「私は国の視点に立った国会議員を目指しているのではありません。国から決まったことを伝達するのであれば、テレビやニュースや新聞だけで十分。私は地域のどういう声があるのかを伝えていくことが地域から選出された国会議員の役割であろうと思っています」

「防衛省とアメリカの話だけを聞いて『必要なのだ』と言って秋田に押し付けようとしている。秋田市の新屋地区というのは、ほんの数百メートルで目の前に住宅、学校、福祉施設もあります。当然、地域の皆様から大きな不安の声が上がっています。しかし、それに全く寄り添う姿勢を見せずに一〇〇ページもある資料を出してきて『必要なのです。新屋が一番いい場所なのです』と言ってくる。しかも資料はズサンな間違いだらけ。誰の目線で進めようとしているのか、非常に疑問を抱いています。私は一人の生活者として、そして私の子供を含め、ここで何十年も生きていく子供たちのために、きちんと考えて物を言っていかなければいけないと思っています」

妻の運転手をしていた学氏も、マイクを握って県民同士の連帯を呼びかけた。

「あんなズサンな調査報告書を出されたことは『秋田は軽く見られた』と思います。こんな資料を出しても政府・与党は『イージス・アショア整備推進本部』を新しく作って、未だに『新屋が適地だ』と言い続けている。白紙撤回どころか、まだ進めようとしている」「秋田県民が（新屋地区住民に）寄り添わなかったら誰が寄り添うのか。同じ県民の秋田市新屋の方々が『何とか我々の苦しさを知って欲しい』と声を出してきた。国や与党は寄り添ってくれないが、金足（農業高校）フィーバーで秋田県が一丸になれた時と同じように、一部の地域の方々が『これだけ苦しい思いをしている。助けてくれ』という声に秋田県民は全員で寄り添うべきだと思います。『国にこうやって押し付けられている時にどうやって我々は団結をして同じ県民のそばに立てるのか』が問われていると思います」。

沖縄の保守政治家一家に生まれた翁長雄志・前沖縄県知事が「辺野古新基地阻止」で一致する幅広い政治勢力を結集、二〇一五年の県知事選で勝利したのと同じように、秋田の名門寺田家の夫妻も、中央政府が強行する「イージスアショア配備阻止」を旗印にして、新屋地区住民との県民同士の連携（団結）を呼びかけていたのだ。

もう一方の配備候補地「むつみ演習場」のある山口県阿武町でも「配備を事前に知っていたら

移住することはなかった」「配備されたら出て行く」といった声が噴出した。日本海に面する人口約三四〇〇人の阿武町は「選ばれる町」をキャッチフレーズに移住者増加に取り組み、人口減少（社会減）に歯止めをかけた。安倍政権は地方創生のお手本になる地方自治体の努力を台無しにし、人が住みたくなくなる〝米国防衛基地エリア〟を作り出そうとしている。これに郷土愛に燃える阿武町民は強く反発。「むつみ演習場へのイージス・アショア配備に反対する阿武町民の会」は四月十六日、町民の有権者の約半数が入会したことを花田憲彦・町長に報告。「前方に人家がないところ、人々の生活に影響がないところに変更してほしい」などと要請した。

これを受けて花田町長は「これだけの熱い思いを伝えることが求められている」と語り、防衛省への要請を実現した。ちなみに花田町長は自民党員だが、「国の言いなりになる必要はない」と明言、イージス・アショア配備反対を表明している。「場所があまりにも悪すぎる。無人島のようなところをもう一回探すのも着地点だと思います」「私は『第三の着地点』と言う言葉を使っていますが、これは『いろいろ検討をしてみてください』という意味です。イージスアショアではなくてイージス艦を増やすことでも可能ではないか」（花田氏）。

山口でも秋田でも、地元合意なき配備候補地選定への強い反発が起きていたのだ。

10　現地視察をした野党合同ヒアリング国会議員有志の〝援護射撃〟

こうしたイージス・アショア配備に反対する住民に対して、野党国会議員も援護射撃をし始めた。立憲民主党や国民民主党や共産党などの国会議員有志は六月十三日、防衛省の候補地選定に関する調査報告書のミス発覚を受けて「イージスアショア虚偽調査　武器爆買問題野党合同ヒアリング」の初会合を開催。約一時間にわたって防衛官僚を問い質すことで、候補地の陸上自衛隊新屋演習場（秋田市）が津波水没想定域で「かさあげ」の必要性を明らかにし、角度計算ミスに続く候補地選定のズサンさを浮彫りにしたのだ。

それでも防衛省の担当者は「大きなかさ上げをしなくても対応できる」と反論、配備適地とする判断に変わりはない立場を繰り返したが、これがさらなる反発を招いた。野党議員から「何メートルかさ上げをすればいいのか」「津波対策の文書はあるのか」という再質問が浴びせられたが、防衛官僚は具体的根拠を示せなかったのだ。

秋田と沖縄がぴったりと重なり合う。軟弱地盤が見つかって地盤改良工事が必要な辺野古新基地建設でも安倍政権は、総事業費や工期を示さずに比較的容易なエリアの埋立工事から進めている。同じように秋田でも、肝心な総工費を示さないまま米国製高額兵器のイージス・アショア新屋演習場配備を強行しようとしているのだ。

調査報告書の不備（隠蔽）も新たに明らかになった。住民説明会で配布された調査報告書には、一九の候補地のうち八カ所を津波の影響を理由に「配備不適」と結論づけていたのに、唯一の適地とされた新屋演習場については津波の影響の記載が抜け落ちていたのだ。

この未記載問題について口火を切ったのは、国民民主党の渡辺周・安全保障調査会長だ。「新屋演習場は津波の影響について触れていない。なぜ影響なしと言い切れるのか」と質問をして防衛官僚から「かさ上げが必要」との答弁を引き出したのだ。これを受けて立憲民主党の本多平直・安全保障委員会筆頭理事も「（候補地比較）一覧表には新屋演習場は津波の影響が空欄になっているが、津波の影響有でしょう。『かさ上げで影響を減らせる』と書いて下さい」と追及して締《し》めたのだ。

防衛省の調査報告書でまず明らかになった誤りは、グーグルアースの高さを強調する縮尺変更操作を考慮しなかった計算ミスだったが、新たに発覚した今回の「津波対策未記載」はより悪質な意図的な隠蔽工作と言っても過言ではない。不公平な比較検討を意図的に行って、新屋演習場に誘導したとしか見えないからだ。イージス・アショア配備の妥当性を根底から揺るがす大問題だ。東日本大震災の被災地である三陸海岸では、土地のかさ上げで高台に住居を移す造成事業が各地で行われているが、かなりの費用と工期がかかる。そんな大規模工事が必要な陸上配備型イージス・アショアよりも、海上配備型イージス・システムである「イージス艦」の機能強化をする方が、日本の安全保障にプラス、費用対効果が高いのは明白ではないのか。

「イージス・アショア虚偽調査　武器爆買問題」と銘打った野党合同ヒアリング初会合の冒頭挨拶で、原口一博・元総務大臣は根源的な問題提起をしていた。「イージス・アショアについては説明会資料の誤りの問題だけではない。まさに配備ありきでズサンなことをやって来た。『FMS（フォーリン・ミリタリー・セールス）』については『爆買』という言葉になっているが、購入ありきと言わざるを得ない。（イージス・アショアに加えて）オスプレイにしてもF35Aにしてもグローバルホークにしても、本当に日本の防衛に資するものなのか」。

この野党合同ヒアリングの初会合の翌六月十四日、国会議員有志五名は現地を視察。新屋演習場入口で防衛官僚の説明を受けた後、住民との意見交換会に臨んだ。そして最後の囲み取材で辻元清美・国対委員長（立憲民主党）は「こんなに近くに保育園とか学校がある。背筋がぞっとした。これは絶対に駄目だと思った」と視察を振り返り、こう総括した。

「『新屋ありきだった』と確信を深めましたし、地元住民の声だけではなく、選定過程も非常に不透明、そして（新屋演習場内の）現地も見せない。情報開示も不十分で『白紙撤回をするべきだ』というように野党は追及、政府に決断を迫っていきたい」

そして辻元氏は、候補地選定における事務的ミス問題に止まるのではなく、イージス・アショアの国内配備決定の原点に立ち返って検証をすべきという立場を強調した。

「『新屋ありき』であれば、国民の方を全く向いていない政策と言わざるを得ない」「『イージス・アショアは必要なのか』『不必要ではないか』と思っているので根本的議論もする必要がある」（辻元氏）

日米首脳会談翌月の二〇一七年十二月の閣議決定にまで遡り、「『新屋ありき』は『ハワイ防衛ありき』と言い換えられるのではないか」「秋田と山口への配備は「売国奴的安倍下僕政治（外交）」の産物ではないか」などと問い質そうとしたものといえる。こうして七月の参院選秋田選挙区ではイージス・アショアが一大争点となっていったのだ。

そして告示後の応援演説で安倍首相がイージス・アショア配備の必要性を強調したことで、トランプ大統領の米国製兵器爆買に「ＮＯ！」と言えない〝安倍下僕外交（政治）〟の実態が可視化され、自公推薦候補への逆風になったともいえるのだ。参院選秋田選挙区は、「国民の血税で不必要なイージス・アショアを爆買、日本の領土の一部を米国防衛前線基地として譲り渡すに等しい〝安倍下僕外交（政治）〟を続けるのか否か」が争点となり、野党統一候補の寺田静氏が勝利をしたのだ。

寺田氏に当確が出て万歳三唱をした後も、石田選対本部長は記者たちに熱く語り続けていた。今回の奇跡的勝利が全国各地の野党選挙協力のお手本「秋田モデル」になると力説していたのだ。「政党色を出す必要は全くない。三年前は『与野党激突の構図』となって大敗したが、今回は安倍政治とは違う地域代表ということを強調した。秋田での自民党独占に風穴を開けたことで、これまで立場不明瞭だった佐竹（敬久）知事も配備反対を言いやすくなるだろう」（石田氏）

トランプ大統領が十分前に攻撃中止命令を出したイラン攻撃ではレーダー基地が標的になったが、第二次大戦で沖縄が日本本土を守る〝盾〟となったのと同様、第三次世界大戦では秋田と山口が米国本土防衛の前線基地となるということだ。二〇一九年七月の参院選秋田選挙区の構図は、「イージス・アショアを含む米国製兵器爆買の「売国奴的下僕政治（外交）」の安倍自民党　対日本国民と生命・安全・財産第一の野党」というものだったともいえるのだ。

【資料】

〈岩屋大臣の謝罪面談後の会見（六月三日、山口県庁）〉

――（横田）グアムを守る、米国を守る前線基地になるというアメリカのシンクタンクの論文がありますが、これで住民の理解は得られると思いますか。

岩屋防衛大臣　その論文については私も拝見しておりますが、このミサイル防衛体制というのはあくまでも我が国の防衛のために行うものでありますので、米国の防衛をするという指摘は当たらないと思っておりますし、もとより米国は我が国よりも相当に強固なミサイル防衛体制を常にお持ちであると理解をしております。

――（横田）山口沖にイージス艦を置けば、代わりになるじゃないですか。

岩屋防衛大臣　イージス艦の場合には、どうしても船でありますので、隙間が生じることになります。やはり二十四時間三百六十五日、ミサイル防衛に専念できる装備・部隊・施設というのは必要だと考えています。

――（横田）陸でも海でもイージスシステムは同じじゃないですか。なぜ海上では駄目なのですか。

岩屋防衛大臣　海上の場合はミサイルの発射手段というのが、非常に多様化して来ておりますので、予め兆候を察知して、そこに向かって船を出すということが非常に難しくなって来ております。地上で万が一のミサイル迎撃に備える体制を整えることは非常に我が国のミサイル防衛体制にとって不可欠だと思います。

――（横田）山口沖に置くのと（むつみ演習場に配備する）イージス・アショアで何が違うのですか。

岩屋防衛大臣　だから常に山口沖に置くわけにはいかないということです。

――（横田）（現在の四隻から倍増して）八隻になるから置けるじゃないですか。

岩屋防衛大臣　そんなことはありません。イージス艦の任務は多様でありますので、ミサイル防衛だけに特化をして運用するわけにはいかないわけであります。

――（NHK）阿武町長は街つくりに関してUターンやIターンで人が減っていくということを懸念しているのです。先ほど大臣が仰ったのは、自衛隊員が町民に加わりますと仰られましたが、町長はそれについても「そういった街づくりを目指しているのではなくて、町独自の定住対策をしている。それと相容れないから反対しているのだ」という話をしております。それについて、大臣はどうお考えですか。

岩屋防衛大臣　まず町長さんのお声はしっかりと受け止めたいと思っておりますし、そして、仮にイージス・アショアを配備することになっても、私どもは、進めて来られた街つくりに悪影響が出ることがないように、最大限の努力をさせていただきたいと思います。こういった施設はもちろん抑止のために設ける、つまり能力はしっかりと備えるけれども、それが決して使われることがないような安全保障環境を作り上げていくというのが私どもの使命でもありますから、イージス・アショアという装備の配備が終わった後、街づくりに影響がないように私どもとしては最大限の努力をさせていただきたいと考えております。

〈花田町長の会見〉

――（毎日新聞）さきほど大臣が自衛官と家族が移り住んで来るので、それによって地域振興につながるのではないかという主旨の発言をしたのですが、その発言については町長はどのように思われましたか。

花田町長　捉え方の違いがあると思っておりますが、私どもはそういった副次的な地域振興、自衛官がそこに来るから地域振興になるのだという考え方ではなしに、私どもはイージス・アショアというミサイル基地があることが、そこにIターンであったり、そこでもともと暮らしている方の不安がずっと付きまとう。そして、外から来られる方、あるいは、外にいったん出て帰ってくるUターンの方あたりは、存在そのものについて大変懸念がある、不安がある。だから、ここに（イージス・アショアが）来て欲しくない。そういう気持ちが根本でありますから、副次的に自衛官が来るから（地域）振興がはかられるのだということは、私は、ちょっと考え方は違うというふうに思っております。

――（NHK）そのことを防衛大臣に質問をしたところ、「あくまで影響のないようにやっていく」という発言に止まっていたのですが、どう思われますか。

花田町長　私どもはそのこと（影響）があると思っているから何回も何回も繰り返し同じことを申し上げております。（防衛大臣の話とは）かみ合っていません。だから私は最初から、存在そのもの、ああいった住民の生活圏に隣接するところにあること自体が間違っているのではないか。ですからミサイル防衛について、特別に反対するということは言っておりません し、それは場所が悪すぎるという話をしているわけです。

岩屋防衛大臣の謝罪面談での暴言

（前略。岩屋大臣の謝罪の後、山口県知事を皮切りに自治体関係者が意見を述べていく）

花田・阿武町長　弾道ミサイル防衛の必要性については異議を申し上げるものではありません。しかしながら今回のことについては、「あまりにも住民の生活圏に近接しているのではないか」ということを申し上げております。地域住民の電磁波による健康被害、風評被害、攻撃やテロや事故が起きないか。関係施設の建設や補修によって地下水への影響、減少や出水への影響、これらを大変心配をしています。

こうした中で昨年九月、地元からむつみ演習場への配備計画の撤回を求める請願書が提出をされまして、町議会が満場一致で採択をして、私も町長として配備計画に反対である旨を表明しました。そして今年に入りまして二月には、特定の政治思想や団体に属さない、いわゆる純粋に町民だけで組織をした「阿武町民の会」が結成されまして、さらに四月には地上配備型イージスシステムの陸上自衛隊萩市むつみ演習場への配備計画の撤回を求める要請書が私と議会宛に提出されたところであります。

いま申し上げた会には、阿武町の有権者が二八九八人おりますが、これの半数を超える一六〇〇名以上の方が署名ということではなくて、会（員）として登録をされておりまして、まさに配備ということについては確固たる反対の意思を強く示したと理解しております。

本町は三三〇〇人の小さな町でありますが、いろいろな形で人口定住対策、全国からＩターン者を受け入れ、さらにはＵターン施策、子育て対策を積極的に推進して大きな成果を上げています。ある意味、高齢化が進行する市町村の中のモデルにもなりうると自負しております。そうした中で、Ｉターン者から「ミサイル基地が出来たら私たちは町から立ち去るしかない」「Ｉターンを考えた時点で、イージス・アショアが配備をされていたら、私は阿武町を選択していなかった」というふうな声も聞こえてきます。

また、若手のＵターン者からも「もしかしたら帰って来なかったかも知れない」という声も出てきています。阿武町が取り組んで来ました生き残りをかけた定住対策の方向性を根底から覆すことになる。人口の急激な先細りを誘発し、ある意味、町の存亡にかかわることと認識しており、このことをこれまで何回も訴えて申し上げてきたところです。

私は「適地」という言葉には、狭義には、つまり地盤とか地形とか電波の障害において物理的に施設を建設する上での「適地」という言葉と、もう一つ、広義の「適地」、つまり湧水や風評や地域住民の考え方や歴史、街づくりの現状を考えた上での広い意味での「適地」があると思います。ぜひ最終段階においては、広義の適地ということを十分に斟酌されて、判断されてと思います。

また国は、「配備は住民の理解が大前提」と仰られています。これは変わっていないと思っております。五月二十四日には私と議長が防衛省に赴いて、いま申し上げた内容をお伝えしました。岩屋防衛大臣宛の要望書、要請書を原田防衛副大臣に内容を説明しながらお渡ししたところでありますので、ご一読をいただいたと思っております。

そして、これも五月でありますが、二十八日に原田防衛副大臣が来県されまして、その場で説明を受け、町議会への説明、そして住民説明会が行われたところであります。住民説明会には多くの町民が参加し、防衛省の話を聞き、質問を行ったところでありますが、私には、防衛省は一方的な論理だけが説明されて、住民の議論と噛み合わない。むしろ不信が募る一方だったと感じるところであります。

防衛省においては、地域で生活をしている住民の考えを本当に理解し、その思いに寄り添う姿勢や説明がなければ、住民の理解を得ることは出来ないと考えております。

昨日、一日には「町民の会」が要望書の形で、イージス・アショア配備に反対する旨と「ゼロからの見直し」について防衛大臣に申し入れる要望を受けたわけであります。

これは今回の防衛省の説明を受けても、町民、議会、そして私町長も、つまり町をあげて反対をしている状況は全く変わってはおらず、到底地元の理解を得たものとは言えない。陸上配備が必ずしも望ましいとは思いませんが、代替措置がなくてどうしても（イージス）アショアということになっても、それは（配備に必要な面積の）一キロ平方メートルというところの再検討を進めて、住民の生活圏に隣接しない場所を改めて調査をされて、どうかむつみ演習場への配備については断念をしていただくようにお願いをしたいと思います。

岩屋防衛大臣の回答

花田町長さんからの要請書については私は、拝見をいたしております。これまでも街づくりの取り組みには心から敬意を表させていただきたいというふうに思います。しかし仮に自衛隊の施設が新たに出来るということになりますと、隊員二百数十名、家族を入れると数百名がご当地にお世話になります。これまでの自衛隊の部隊配備の際もそうでございますが、何よりもまず、街に溶け込んで街づくりに少しでもご加勢が出来るように、自衛隊、これまでも取り組んで参りましたし、今後も是非、そのようにさせていただきたいと考えているところでございますので、是非、ご理解を賜れれば、と思っているところでございます。

いずれにいたしましても、もう一回、しっかりと調査を行いまして、精査を行いまして、住民に直接説明をする取り組みについてはご評価をいただきましたが、さらにそういう取り組みを充実をさせてご理解をいただけるように私ども、努力をしていきたいと考えておりますので、何卒、ご理解を賜りたいというふうに思っております。

第六章　イージス・アショア配備計画に反対する秋田市新屋から

櫻田憂子

二〇一九年七月に行われた、第二五回参議院議員選挙秋田選挙区で、「イージス・アショア」配備反対を掲げた寺田静候補が、現職の自民党候補者を破り、みごと初当選を果たした。対する自民党候補者には、安倍首相や菅官房長官が二度も秋田入りしたのをはじめ、小泉進次郎議員など大物議員が次々と応援に駆け付けたが、寺田候補の地から湧き上がるような勢いを止めることはできなかった。

この選挙結果や、NHKの出口調査、地元紙である秋田魁新報社の世論調査等が示す通り、今や、県民の六～七割がイージス・アショア配備に反対している状況となっている（二二六頁図1）。二〇一七年一一月にこの問題が浮上した頃は、配備先が秋田だという明言もなく、計画やイージス・アショアそのものが理解されていないことや、北朝鮮への恐怖心から、むしろ、配備やむなしのムードが漂っていた。そうした状況から、どう変化していったのかについては後に触れることとして、初めに、配備候補地とされた陸上自衛隊新屋演習場の状況と、防衛省の計画等について説明しておきたい。

1　秋田市新屋は適地か？——配備候補地「新屋演習場」の状況——

防衛省が配備候補地としている「陸上自衛隊新屋演習場」は、秋田市の西海岸側に位置し、南東に約五四〇〇世帯、一万三〇〇〇人が暮らす秋田市新屋勝平地区が、北には、県の研究施設やこまち球場・県立プールなどが隣接している。

演習場から海岸まで民家等は存在しないが、すぐ横を多くの市民が利用している県道あかしあロードが通り、海岸線に風力発電の風車が並ぶ。

表1は、防衛省が現地調査後の報告書で明らかにした配置図をもとに、レーダー施設からの直線距離を示したものである。ご覧の通り、一㎞も離れていないところから様々な施設や住宅地・事業所などが密集し、多くの学校や福祉施設が立ち並ぶ。秋田県庁や秋田市役所も、三㎞程度しか離れていない。秋田県の要と言える市街地の一角に、軍事施設を配備しようとしているのだ。

アメリカ軍が配備している、ルーマニアのイージス・アショア基地などでは、集落と四㎞程度離れていることからも、新屋がありえない近さであるといえる。また、敷地は約一万ヘクタールで、ルーマニアの基地と比べても約一〇分の一という狭さで、こちらも他に類を見ない。

住民が反対する理由は、まさに住宅密集地に隣接しているという点にある。「こんな住宅密集地のすぐそばに、イージス・アショアの設置はありえない」というのが、近隣住民や県民の強い思いであり、県知事や秋田市長も否定できない事実である。

2　この間の防衛省の説明と住民の不安

これほど狭小で住宅地に隣接している新屋演習場を、なぜ防衛省は選んだのだろうか。

イージス・アショア導入を閣議決定してから、半年以上も「配備先は未定」としてきた防衛省だったが、二〇一八年五月の末、ついに配備候補地として、秋田市新屋演習場と山口県萩市むつ

図1　秋田市新屋演習場の周辺図（右）と配備を可能とする緩衝地帯700ｍの根拠図（左）

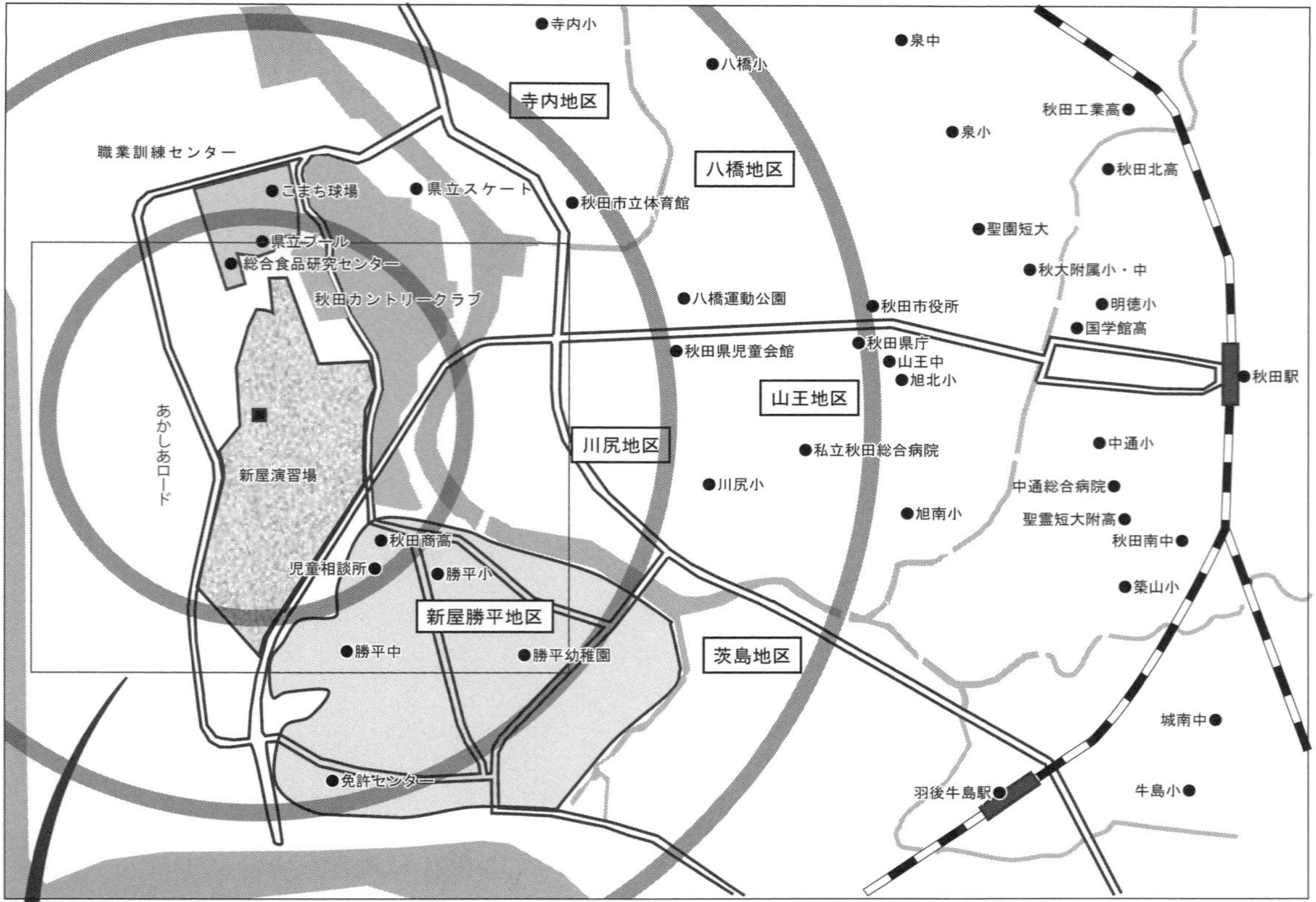

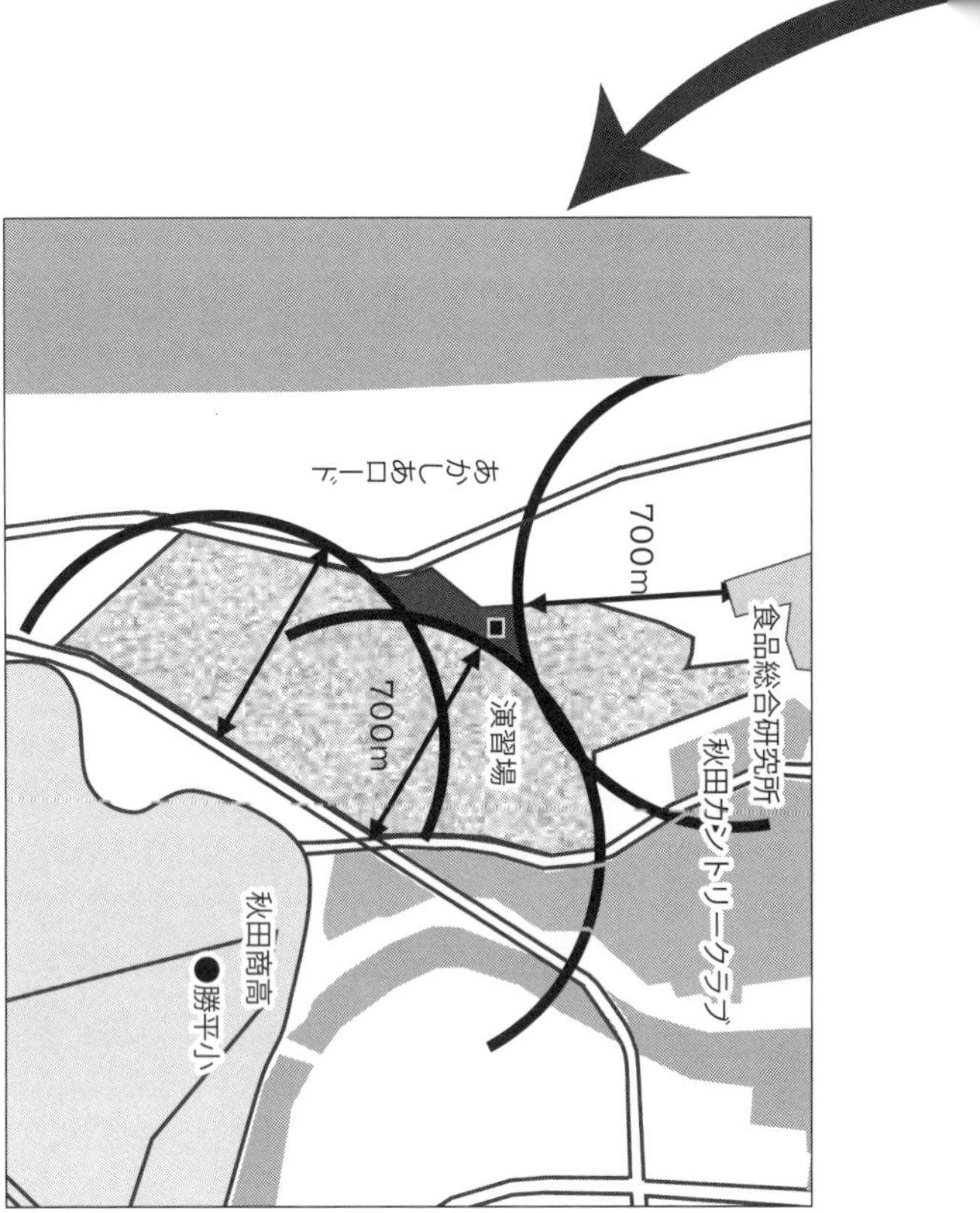
あかしあロード
700m
700m
演習場
食品総合研究所
秋田カントリークラブ
秋田商高
勝平小

表1　防衛省が示したレーダー基地配備予定地からの距離

（単位：km）

～1km	秋田商業高（900m）、児童相談所（980m）、県総合食品研究センター（730m）、県立プール（880m）
～2km	県立秋田技術専門校（1.07）、こまちスタジアム（1.14）、勝平小（1.16）、県勤労身体障害者スポーツセンター（1.19）、勝平中（1.35）、職業訓練センター（1.38）、県立武道館・県立スケート場（1.42）、勝平幼稚園（1.91）
～3km	県児童会館（2.08）、青少年交流センター（2.12）、県生涯学習センター（2,18）、県免許センター・県立体育館（2.2km）、川尻小（2.35）、八橋陸上競技場（2.38）、八橋球場（2.47）、寺内小（2.58）、あきぎんスタジアム（2.79）、秋田県庁（2.89）、秋田市立総合病院・栗田支援学校（2.91）、八橋小（2.92）
～4km	秋田市役所（3.03）、山王中（3.19）、旭北小（3.22）、秋田中央高（3.25）、日新小（3.36）、旭南小（3.37）、将軍野中（3.41）、高清水小（3.45）、秋田美術短大（3.61）、秋田西中（3.70）、日新保育園（3.54）、泉中（3.82）、泉小（3,85）、土崎南小（3.97）
その他	中通総合病院（4.84）、大森山動物公園（4.65）、秋田駅（5.24）

注）グーグルマップを使用して執筆者が測定

み演習場を検討していることを明言した。

六月一日に、防衛省が県知事や秋田市長に対し行った最初の説明では、新屋演習場を選定した理由として、次の五点があげられた。

①　日本全域の防護のため、バランスよく設置できる日本海側の地域

②　レーダーの障害となる山等がない

③　広く平坦な敷地が確保できる

④　電気・水道が安定供給できる

⑤　速やかに配備できる自衛隊施設

その中に、住民が最も懸念している「住宅地が隣接している」点は一切考慮されていなかった。それにもかかわらず、新屋演習場を「最適候補地」と言う防衛省。佐竹知事が「バカにして

いる」と批判し、住民らから怒りの声が上がったのも無理はない。

「電磁波による健康や生活への影響はないのか。ドクターヘリの運航に支障をきたすことはないのか。有事の際、攻撃対象になるのではないか。」説明会で、住民たちは、繰り返しその不安を訴えた。しかし、防衛省は何一つ明確な回答を示さない。「影響はない。抑止力が高まり、かえって安全になる」などの説明に終始し、レーダーの出力や運用など、最も知りたい情報は全て「防衛上の機密」として説明を避けた。

「何をもって理解を得たと判断するのか」「理解が得られない場合は、計画を白紙に戻すのか」等の質問には「理解を得られるよう説明していく」と繰り返すだけで、かみ合わないやりとりが続く。回数を重ねても何一つ明らかにならない説明に、住民の不信はますます大きくなっていった。

さらに、知事が、地元住民の不安が払拭された段階で調査に入るよう求めていたにもかかわらず、防衛省が、六月二一日に地質調査等の競争入札を公告したことで、不信は決定的なものとなっていく。知事や市長も強く批判し、防衛省に対し質問状を提出するなどのやりとりが続いた。

一〇月二九日、一月遅れの現地調査が始まった。調査では、知事らの要望により、自衛隊が所有する「中SAMレーダー」による実測調査が付け加えられ、その様子が報道された。まだ実在しないものと、出力が全く違うもののデータを比較し、机上で計算することに、どれほどの信ぴょう性があるのだろう。

年度が明け、二〇一九年五月二七日から、現地調査結果の報告が行われた。その内容は、おおむね次のとおりである。

1　電波環境調査の結果、レーダーから半径二三〇mより離れた場所では、「人の体や健康、ペースメーカーや補聴器などの医療機器、テレビやパソコンなどの電子機器、携帯電話、秋田空港に離発着する旅客機、民間旅客機、植物や動物」には影響を与えないので安心である。

2　ドクターヘリが半径二四七五m圏内を飛行する場合、運航に影響を与えないよう具体的措置が必要。

3　測量調査、地質調査、水文調査、活断層・生物生態系調査の結果、問題なし。

4　迎撃ミサイル発射時の騒音は、一〇〇デシベルを超えるのはほんの数秒でWHO基準に合致。噴煙はVLSから二〇〇m以上離れていれば人体に影響はない。

5　秋田・青森・山形三県の国有地を調査したが、ほかに配備候補地となりうる国有地はない。

さらに、新屋演習場への配備案と安全策については、次のように説明している。

1　レーダーやVLSと、住宅地や公共施設との間に、緩衝地帯を確保（七〇〇mの隔離）して施設を配置する。

2　レーダーの保安距離は半径二三〇mに設定し、一般人の立ち入りを制限する。

3　レーダー周辺に、電波吸収体を設置した高さ一〇m程度の防護壁を配置する。

4　県道（あかしあロード）を西側に付け替える。工期は五年。

5　演習場西側の県有地等を取得する。

6　レーダー施設のすぐ近傍に位置する風車（日立ウインドパワー社）は移転する方向で調整す

る。

3　疑問だらけの防衛省の説明とずさんデータの発覚

「安全」「影響ない」が繰り返される説明書は一〇一ページ。しかし、この報告書を見て「本当だ。安心だ」と感じた人がいただろうか。防衛省は、相変わらず肝心なことは防衛上の機密として答えない。机上の計算が本当に正しいのか、健康に全く影響がないと本当に言い切れるのかの不安は消えない。そして何より、有事の際に攻撃される危険性がなくなることはない。

報告内容についても疑問が残る。

一点目は、緩衝地帯の確保を七〇〇m（図1左頁）以上としたことだ。防衛省は、「緩衝地帯を七〇〇m以上としたのは、佐竹知事の要望を踏まえたものである」と説明した。それ以外の何の科学的根拠も示されていない。

では、知事が要望した「七〇〇m以上」とは何か？

一年前、佐竹知事は、最低でも一㎞の緩衝地帯が必要と言っていたが、その一カ月後の防衛省幹部との話し合いで、「最低でも七〇〇〜八〇〇m」と下方修正した。住宅地や公共施設から計測し、かろうじて新屋演習場にレーダーやミサイル発射台を配備することができる、ぎりぎりの数値が七〇〇mだ。もし、それ以上の数字を確保するとしたら、新屋演習場内には配備できなくなる。六月五日の県政協議会で、防衛省は、「七〇〇mの緩衝地帯がなくても配備可能」と回答したが、その一方で、他の国有地には七〇〇m以上の基準を使い「不適」とするやり方は、「新屋ありき」の手法そのものである。

二点目は、津波の影響についてである。他の国有地の検討で、八カ所の国有地が、津波の影響が大きいとして「不適」とされた。一方、新屋演習場については、報告書のどこにも津波の影響について調査した記述はない。調査結果を示した一覧表の、新屋演習場の「津波の影響」の欄は空白で「影響がない」と受け取れる。ところが、その後、防衛省は、新屋演習場に配備するためには、土地のかさ上げなどの津波対策が必要だと覆し、調査書に記載がなかったことについては、造成工事に含まれるので、あえて記載しなかったと開き直った。

三点目は、県有地等の取得についてである。防衛省は、説明書では県有地等を取得するとしたが、必ずしも取得しなくても配備はできると説明した。しかし、イージス・アショアが配備されれば、たとえ県有地のままでも、立ち入りや建築の制限は必要となるはずで、県が自由にその土地を使えなくなるのは明白だ。

そうした中、六月五日の秋田魁新聞に、調査報告書のデータミスについてのスクープ記事が掲載され、「新屋ありき」の疑念に追い打ちをかけた。その内容は、「電波を遮る山があることが理由とされた国有地のうち、少なくともその二か所で、仰角が実際よりも過大に記載されていた。最も差が大きかったところでは、仰角が約四度に対し、一五度と記載されていた」というものだった。魁新報社の取材を受け、防衛省は、五日、電波を遮蔽する山があるため配備に適さないとした九カ所全てで、データに誤りがあることを認め、陳謝した。

なぜ、このようなずさんなデータが記載されたのか？

防衛省は、「パソコン上で距離と高さの縮尺が異なる断面図を作成し、定規で測って角度を求めた。縮尺の違いに気づかず計算した」と説明しているが、あまりにも稚拙で信じがたい。他の国有地を「不適」とするため、安倍政権お得意の「改ざん」を行ったのではないかという疑惑はぬぐえない。

データを訂正すると、不適とされていた国有地のうちの四カ所が、基準をクリアすることになる。しかし、防衛省はこの四カ所について、インフラが整っていない、七〇〇ｍの緩衝地帯が取れないとの理由で、改めて不適とした。しかし、「津波の影響」「インフラの整備に相当な時間がかかる」などは、新屋にも同様に当てはまる。なぜ、新屋だけが適地なのか？

六月八日に勝平地区コミュニティセンターで開催された住民説明会では、「全く信用できない」との批判や、白紙撤回を求める声が相次いだ。新屋勝平地区振興会の佐々木会長も、「ずさんな調査内容は大変重要な問題。振興会として納得できるものでない」として撤回を求めた。さらに、職員が居眠りしていることが発覚。それに対し、参加者の一人が「こっちは人生がかかってるんだ！」」と激高した。

翌日、東北防衛局長は、八日の説明会で同局職員が居眠りしていたことを認め謝罪。佐竹知事は「真剣さがない。防衛省の基本姿勢に疑問がある」と憤慨し、これまで防衛省と協議してきた県有地の売却などについて、白紙に戻す考えを示した。また、他の国有地等の調査についても、ゼロベースで検討するよう防衛省に要請。それを受け、防衛省は、今年度中に、一八カ所すべてを現地に赴いて再調査を行うことを約束した。

4　北朝鮮に対する恐怖に支配された中で――住民の不安に寄り添う――

私たちが、イージス・アショア導入計画を知ることとなったのは、二〇一七年一一月一二日。秋田魁新聞の、「北朝鮮に対する弾道ミサイル防衛の新規装備となる地上配備型迎撃システム『イージス・アショア』の導入に関し、政府が秋田、山口両県を配備先の候補地として検討」しているとの報道だった。

これまでも、平和運動を進めてきた秋田県平和センターは、その報道を受け、直ちに国に配備を行わないことを求める要請書を、秋田県知事および秋田市長に提出。その後、市民にも広く問題点を知ってもらうために、「イージス・アショア配備問題を考える実行委員会」を立ち上げ、前田哲男さんをお呼びして講演会を開くなど、とりくみをすすめてきた。

しかし、その頃の秋田は、北朝鮮に対する恐怖心で覆われていた。北朝鮮が実験した弾道ミサイルの多くは日本海に着弾。ミサイル実験の際はＪアラートが鳴り、ヘルメットを被ったＴＶキャスターが「頑丈な建物の中に避難してください」と繰り返し訴える姿が報道される。その筋書きが、いかに過剰で作為的であったにしても、「北朝鮮への恐怖心」は、県民の心の深層に住み着いてしまっていた。さらに、秋田県の海岸にも北朝鮮のものと疑われる木造船や遺体が次々と漂着し、不安を駆り立てた。中には、生存者が乗船していたこともあり、県知事がスパイの可能性に言及したことで、県民の不安は極限に達していたのである。

「北朝鮮は怖い」「ミサイルが日本に飛んでくる可能性はないのか」「木造船でスパイが来るのでは」など、北朝鮮に対しての不安を口にする人々。県内の漁師が、インタビューに答え、「飛んできたミサイルが漁船にあたるのではないか心配だ。早く配備してほしい。」と訴えるなど、北朝鮮への恐怖心が、「イージス・アショアの配備も仕方がない」という気分をつくり出していた。

そうした人びとの不安と向き合わなければ、独り善がりの運動になる。はじめに理論や反対ありきではなく、まずはその不安に寄り添い、住民らと一緒にこの課題について考えていく必要があった。私たちは、配備計画反対の取り組みを進める一方で、市民の思いから出発する、大きな運動をつくることをめざし、他の野党議員や地元住民との連携を模索しはじめた。

5　「まずは知ること」～地元住民と一緒に勉強会を開催

連携を模索するとはしたものの、考え方の違いや、政党、組織に対する偏見などによって、簡単には進まない。これまでの運動の狭さを反省し、試行錯誤する日が続いていた。

二〇一七年一二月、私は、配備候補地と隣接している新屋勝平地区の町内会長らのもとを尋ねた。集まった四人は、防衛等に対する考えの違いはあるものの、町内会長として、みな同じような不安や疑問を持っていた。様々な話のあと、一緒に学習会を実施できないか提案したところ、賛否については一旦棚上げし、まず勉強するというのであればということで、地元を会場に勉強会を開くこととなった。

　二〇一八年二月、二回にわたり開催した「イージス・アショアについて考えてみませんか?新屋地区住民勉強会」には、延べ二三〇人ほどが集まった。講師は、元陸上自衛隊レンジャー隊員の井筒孝雄さん。イージス・アショアとはどんなもので、どんな懸念があるのか話を聞いた。質疑応答では、「電磁波の影響はどんなものなのか?」「何の目的で配備されるのか」など、多くの質問が出され、関心の高さがうかがえた。

　ミサイル配備に反対の人も、仕方がないと考える人も、きちんと説明してほしいという点で共通していると感じた。中でも、電磁波に関する不安や疑問が多く出されており、五月には電磁波環境研究所の萩野晃也さんを迎えて、電磁波についての住民勉強会を開催。その時も、電磁波に対する不安、しっかりと説明されていないことへの心配などが率直に出された。

　六月、配備候補地の一つが新屋演習場であることが示され、地元町内会等で組織する「新屋勝平地区振興会（佐々木政志会長）」でも、振興会としての態度をどうするのか迫られている中、私たちは、勝平地区振興会役員と県議・市議の有志に呼びかけ、意見交換の場を設けた。議員と地元住民が意見を交わしたのは初めてで、参加した一人は「この問題が出て半年近くなるのに、議員は誰も話を聞きに来ない。いい機会になった」と話した。

　その後も、新屋勝平地区振興会役員と反対する議員たちの間で、意見を交わす機会が度々設けられ、議員らも積極的に地元の声に耳を傾けるようになっていった。

　そうした緩やかな連携が、後の「住宅密集地になぜイージス?!―皆さんの思いを聞かせてください――」という意見交換会（二〇一九年二月三日）につながっていく。意見交換会は、国会議員・県会議員・秋田市議会議員のうち、新屋への配備に反対する会派を超えた議員二一人の呼びかけで開催され、新屋勝平地区振興会の佐々木会長が地元の報告を行った。住民組織、野党議員、我々も含めた市民が集まって意見を交換する初めての会となった。

6　「イージス・アショア配備計画」反対の潮目を変えた二つの出来事

二〇一八年七月、「イージス・アショア配備計画」反対に大きく舵を切らせる、二つの出来事があった。

その一つは、秋田県の地元紙である「秋田魁新報」の七月一六日の社説に、「どうするイージス――兵器で未来は守れるか――」が、当時の小笠原直樹社長の署名入りで掲載されたことだ。「悔いを千載に残すことになりはしないか。」との一文で始まる社説は、過去の大戦の反省に基づく新聞社の役割を述べた上で、安全保障を考える上での歴史観や、北朝鮮情勢に触れ、最後に「地上イージス配備が蟻の一穴となり、再び『強兵路線』に転じる恐れはないのか」、「地上イージスを配備する明確な理由、必要性が私には見えない。兵器に託す未来を子どもたちに残すわけにはいかない」と結んでいる。この社説は、イージス・アショア配備を懸念する多くの県民に、勇気と自信を与えた。

その後も、秋田魁新報は、取材チームをつくり、政治や議会の動き、住民の声を拾い、ポーラ

配備反対を訴える座り込み行動（秋田駅前）

ンド・ルーマニアにあるイージス基地の現状など、一住民ではなかなか知り得ない情報を、独自取材を通じて提供し続けている。前述の適地調査報告書の仰角のデータの誤りを発見し、スクープしたのも彼らである。そのジャーナリズムの精神は、多くの関係者にも評価され、二〇一八年度は「第一回むのたけじ地域・民衆ジャーナリズム賞特別賞」を、二〇一九年度は「新聞協会賞」を受賞した。

二つめの出来事は、地元の新屋勝平地区振興会が反対決議をあげたことだ。

新屋勝平地区振興会は、七月二五日の理事会で、「住宅地に迎撃ミサイル基地配備は許されない」として、イージス・アショア配備に反対することを決議。八月二四日、穂積秋田市長及び佐竹知事に対し、「イージス・アショアの新屋配備計画の撤回を求める要望

住宅密集地になぜイージス?!　意見交換会（2019年2月3日）

書」を提出した。防衛省が「地元の理解と協力は必須」としている中、最も影響を受ける地元の自治会組織が反対を表明したことは、画期的な出来事だった。

マスコミも、振興会の動きを大きく取り上げ、市長や市議会らも、地元の意向を無視できない状況になってきている。

その後、新屋勝平地区振興会では、周囲の振興会へも反対決議を上げるよう呼びかけを続け、二〇一九年九月末現在、新屋勝平地区振興会の他、六町内会が反対決議を上げている。

7　秋田市議会・県議会の状況

さて、イージス・アショア配備計画の問題では、首長や県議会・市議会への対策が、最も重要になってくる。私たちは、導入計画が

表2　県議会・市議会に対するイージス・アショア配備に反対を求める請願等の採決状況

	秋田市議会	秋田県議会・請願の賛否
2017年 11月 12月	イージスに反対　26：12否決 真相解明を求める　22：16否決	理解がないまま配備を行わない 33：7否決
2018年　2月		理解がないまま配置しない 33：7否決
2018年　6月		丁寧な説明を求める　採択 理解がないまま……意見書 不採択
2018年 11月 12月	計画撤回の意思表明（勝平地区） 21：16否決	計画撤回の意思表明 28：12否決
2019年　2月	上記請願　20：16不採択	上記請願　24：15継続審査 審査未了　廃案
2019年　6月	配備反対を求める 20：15継続審査	配備反対を求める 24：15継続審査 ゼロベースで再検討意見書（自民）　採択 計画撤回を求める意見書　否決
2019年　9月	配備反対を求める 18：15継続審査	配備反対を求める 10/7、10/8で審査

出典：執筆者作成

浮上した二〇一七年の一二月秋田県議会に、「地元住民の理解と同意がないままイージス・アショアの配備を行わないことを求める請願書」を提出。以降、継続して議会対策を行ってきた。

二〇一八年の六月定例県議会には、自民党会派とも調整を行い、「イージス・アショアに関し、国に丁寧な説明と地元理解を得るよう求める請願」を提出。その請願は、それに基づく意見書とともに、全会一致で採択された。自民党会派からの文言修正により「骨抜き」にされたものの、「あの請願を通したことで、俺たちもかなり縛られているよ」と、自民党議員が言うところをみると、それなりの効果はあったようだ。

二〇一八年の秋田市議会一一月定例会には、新屋勝平地区振興会らが、住民組織として初めて「イージス・アショアの陸上自衛隊新屋演習場への配備計画の撤回に関する決議について」の請願を提出した。県議会一二月定例会には、同趣旨の請願を私たちが提出していたが、両議会とも自民党会派等の多数により「継続審査」となった。自民党会派は、その理由を「現在、適地調査中であり、可否を判断する段階にない」などとしていたが、四カ月後に迫った統一自治体選挙で不利になることを懸念し、態度を曖昧にしたまま先送りしたと言わざるをえない。

二〇一九年四月の統一自治体選挙では、イージス・アショア配備の賛否が大きく問われることとなった。県議会選挙秋田市選挙区では、イージス・アショア配備計画反対を訴えた社民党候補が、前回を大きく上回る得票で、五位当選を果たした。しかし、新たな候補者擁立には至らず、反対する議員を増やすことはできなかった。一方、自民党・公明党会派のほとんどの候補者は、イージス・アショアについて明確な態度を示せなかった。

また、二週間後の秋田市議会選挙では、イージス・アショア配備反対を訴える候補者が乱立。定数三六人に対し、四六人が立候補するという乱戦状態となった。開票では賛否数が拮抗する状況まで迫ったが、当選後、自民党会派へ鞍替えした議員が現れ、勢力図は、改選前とほぼ変わらないという残念な結果に終わった。

改選後も、両議会には多くの計画撤回や反対表明を求める請願が提出されたが、やはり、再調査の結果を待ってからなどという理由から、「継続審査」とされている。しかし、「どんなに調査しても、住宅密集地に隣接している事実と、それに対する住民の不安は変わらない」とした請願理由に答えていない。何度も継続審査として結果を先送りにする両議会に対して、県民もマスコミも厳しい目を向けている。

8 防衛省に対する要請と国会議員の状況

一方、防衛省や国会対策は、平和フォーラムや山口県平和運動フォーラムと連携し、運動を展開してきた。三者による防衛省交渉は三度に及び、国会請願署名や国会議員要請にも取り組んだ。

イージス・アショア配備中止を求める国会請願署名（秋田県内では、他の反対する団体と連絡会を作り実施）は、全国各地からの協力を得て、一〇万一〇〇〇筆を超える数を集約。六月八日には、請願署名を国会に提出するため、それぞれの代表が参議院議員会館を訪れた。請願署名は、秋田県選出の衆議院議員二人と立憲民主党、社民党、共産党の衆参議員ら七人が紹介議員となって国会に提出された。しかし、国会では、イージス・アショア配備問題が大きく取り上げられることはなく、審査未了で廃案となった。

さらに、二〇一八年一二月には、国会議員要請を実施し、与野党議員あわせて五七人に対し「イージス・アショア」配備計画の撤回を求める要請書を手交し、状況を説明した。二〇一七年一二月の秋田県独自要請行動では、態度を保留していた立憲民主党・国民民主党も反対を明確にし、社民党、共産党に加え、前述の二党、自由党、沖縄の風など、野党の多くが配備計画に反対の意思を明確にしたことは大きい。

図2　イージス・アショア配備に対する世論調査の結果

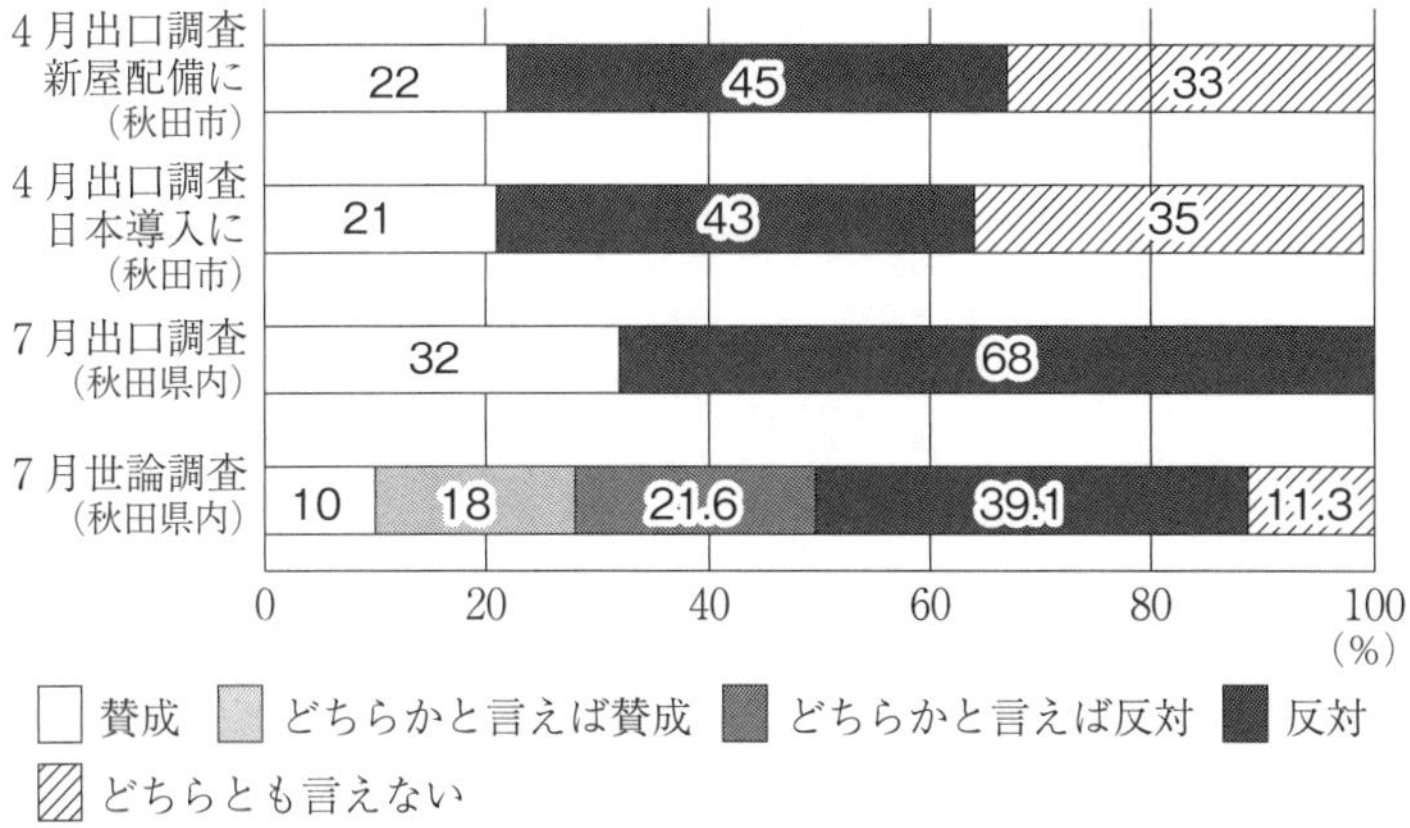

さらに、防衛省のずさんデータ発覚が国会論議に火をつけ、二〇一九年秋の臨時国会では、立憲民主党の枝野党首初め多くの野党議員がこの問題を取り上げている。

9　「イージス・アショア」反対は六割超え

こうして、イージス・アショア配備に反対する声はどんどん大きくなり、今や六割を超えるまでになった。二〇一八年六月以降北朝鮮の情勢は大きく変わり、イージス・アショア配備を必要としたそもそもの前提は崩れた。二〇一九年になり、北朝鮮のミサイル実験が再開したが、二〇一七年とは違い安倍首相は静観の構え。マスコミ報道も控えめで、Jアラートが鳴り響くこともない。北朝鮮脅威は演出であったことを政権自らが曝露した。

新屋へのイージス・アショア配備計画に反対を求める
県民署名スタートの会
新屋への配備計画に反対を求める県民署名スタートの会（2019.10.27）

四月の県議選秋田市選挙区のＮＨＫ出口調査では、「秋田配備に」反対四二％、賛成二二％、「日本導入に」反対四三％、賛成二三％であり、反対が賛成を倍近く上回っていた。七月の参議院選挙出口調査では、反対が七割に迫る結果で、秋田魁新報社による世論調査でも、反対が六割超となっている。

秋田県平和労組会議が取り組んできた、各市町村議会への「白紙撤回を求める請願・陳情の提出」は、六月二五日能代市議会が、県内で初めて配備撤回の請願を採択するという形で実を結んだ。その後、他団体も提出し、九月定例会が終わった段階で、一一市町村議会が配備計画撤回を求める請願を採択している。さらに、自治会組織では、新屋勝平地区振興会以外にも、豊岩地区振興会や、大町柳町町内会や、保戸野金砂町東部会など六自治会組織が反対を表明するに至った。

防衛省の「ずさんデータ」「居眠り」の問題は、

皮肉なことに、配備計画推進を足止めし、イージス・アショア配備の問題を全国に拡散する結果となった。

私たちが目指してきた、市民の不安から出発する大きな枠組みでの連携は、二〇一九年の議員の呼びかけによる意見交換会につながり、さらに、一〇月二七日からスタートした「新屋へのイージス・アショア配備計画撤回を求める県民署名」の実施につながっていった。一〇万票を目標に開始したこのとりくみは大きな反響を呼び、全県へと拡がっている。組織を超え、県内各地で反対の思いを抱いている住民と一緒に、このとりくみを成功させ、県議会や市議会に反対の態度を明確にさせたい。

これからも長いたたかいが続く。佐竹知事が「防衛省の再調査結果が出ることには判断する必要がある」との見解を示したとおり、二〇二〇年三月～四月には大きなヤマ場を向かえることになるだろう。そして、二年後には知事選、秋田市長選が控えている。私たちはそれまでの間、反対する市町村議会を増やし、首長を増やし、議員を増やし、町内会を増やし、多くの仲間を増やす。県知事や秋田市長に「ＹＥＳ」と言わせない枠組みを作る。そのための草の根運動を、したたかに積み上げていきたい。

第七章　イージス・アショア配備計画に反対する萩からの報告

森上雅昭

はじめに——老人と海——

私がイージス・アショア配備計画を知ったのは、二〇一七年十一月十六日の新聞報道だった。イージス・アショアとは何か、なぜ萩への配備なのか……、緊張と不安の日々が始まった。マスコミは、イージス・アショアのレーダーが出す電磁波の影響について、様々な報道を始めていた。インターネットや図書館で専門家を探し、反対の術を模索していた十二月下旬、荻野晃也先生の存在を知った。

先生は京都大学出身で、日本の電磁波研究の第一人者であり、常に住民の側に立ち、伊方原発訴訟、狭山裁判の荻野鑑定、豊北原発反対運動などに関わってこられた人だった。

先生との「出会い」をきっかけに、有志の賛同を得て、「イージス・アショア配備計画の撤回を求める住民の会」（以下、「住民の会」）の立ち上げを決めた。

もう若くはない私は、両親を看取った後、空気のきれいな萩の海の近くで、「老人と海」のイメージでのんびり暮らそうと思っていたが、イージス・アショアを相手に格闘することになった。

年明けに、荻野先生を講師として、山口県平和運動フォーラムとの共催で、『イージス・アショア配備計画の撤回を求める緊急講演会』を開催することを決めた。

二〇一八年一月二十七日、緊急講演会当日は、早朝から例年にない大雪だった。雪の日の赤穂浪士の討ち入りのように四十七士が集まれば……くらいに思っていたが、萩市内のみならず県内外から一二〇人を超える参加者があり、会場の椅子が足らない程だった。

そして、まさにこの日が、『住民の会』の「船出」の日となった。

1　イージス・アショアとは何か

防衛省が「適地」とする、陸上自衛隊むつみ演習場は、山口県萩市の北東、島根県津和野町に近い山地にある。

かつて、山口県美祢市の国定公園秋吉台を、米軍爆撃演習場にする計画が、住民の反対で挫折した後、一九五七年から一九六一年にかけて、むつみ村（東台）と阿武町（西台）に陸上自衛隊演習場の誘致が進められた。

むつみ村は、戦後引揚者による開拓農民の窮状を救うため、誘致を受け入れざるを得なかったが、阿武町（西台）は反対を通したという経緯がある（『むつみ村史』『阿武町史上巻』参照）。

イージス・アショア配備計画は、一九六一年（昭和三十六年）に交わされた『むつみ演習場使用に関する覚書』に反するものであり、歴史的にも不当な配備計画である。

(1)　配備計画導入の経緯

イージス・アショアとは、イージス艦のシステムを地上に配備するものと説明されているが、なぜ地上に配備するのか。秋田と萩への配備は、ルーマニア、ポーランドに続き、アジアでは初

むつみ演習場:20km付近の図

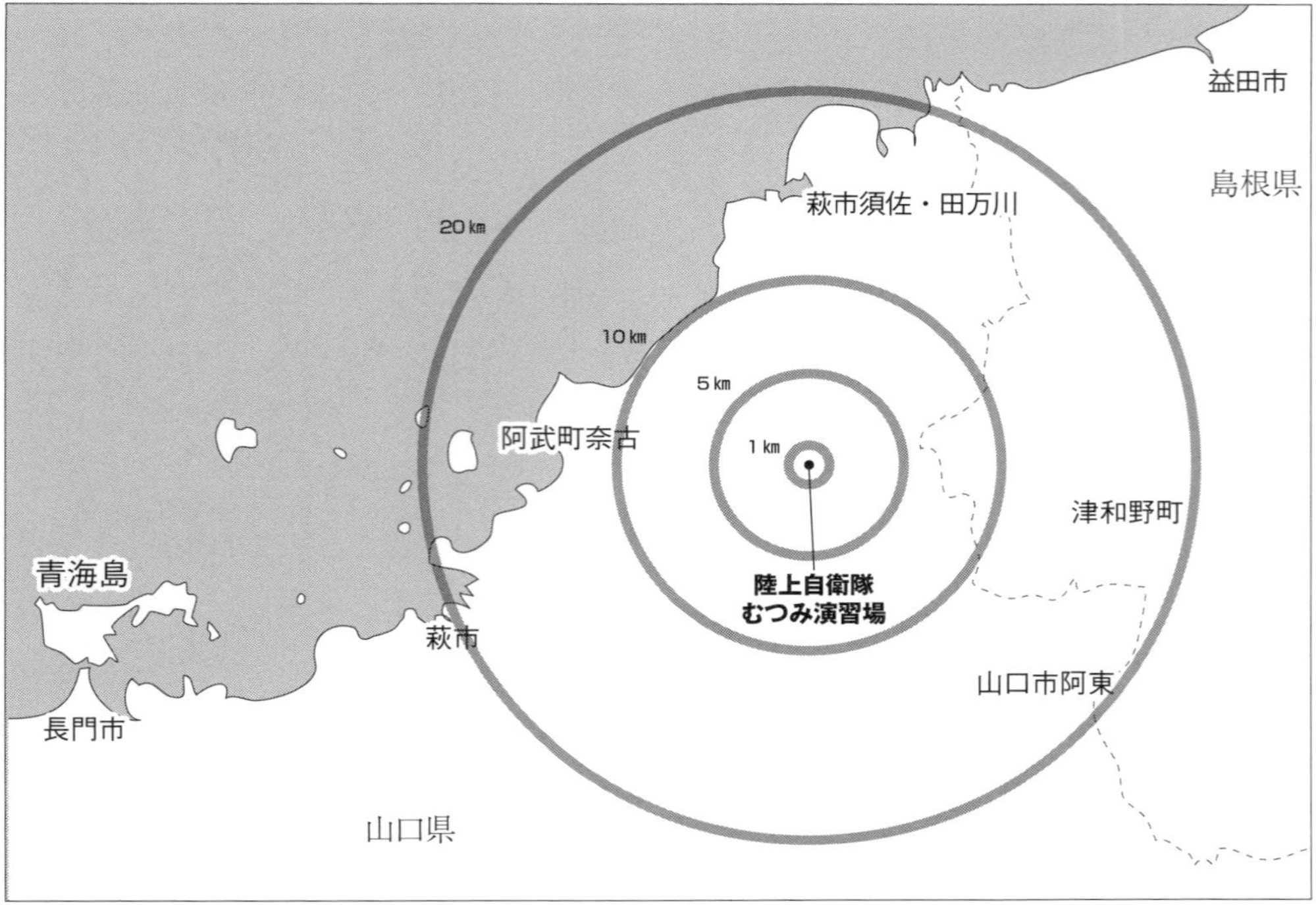

むつみ演習場:2km付近の図

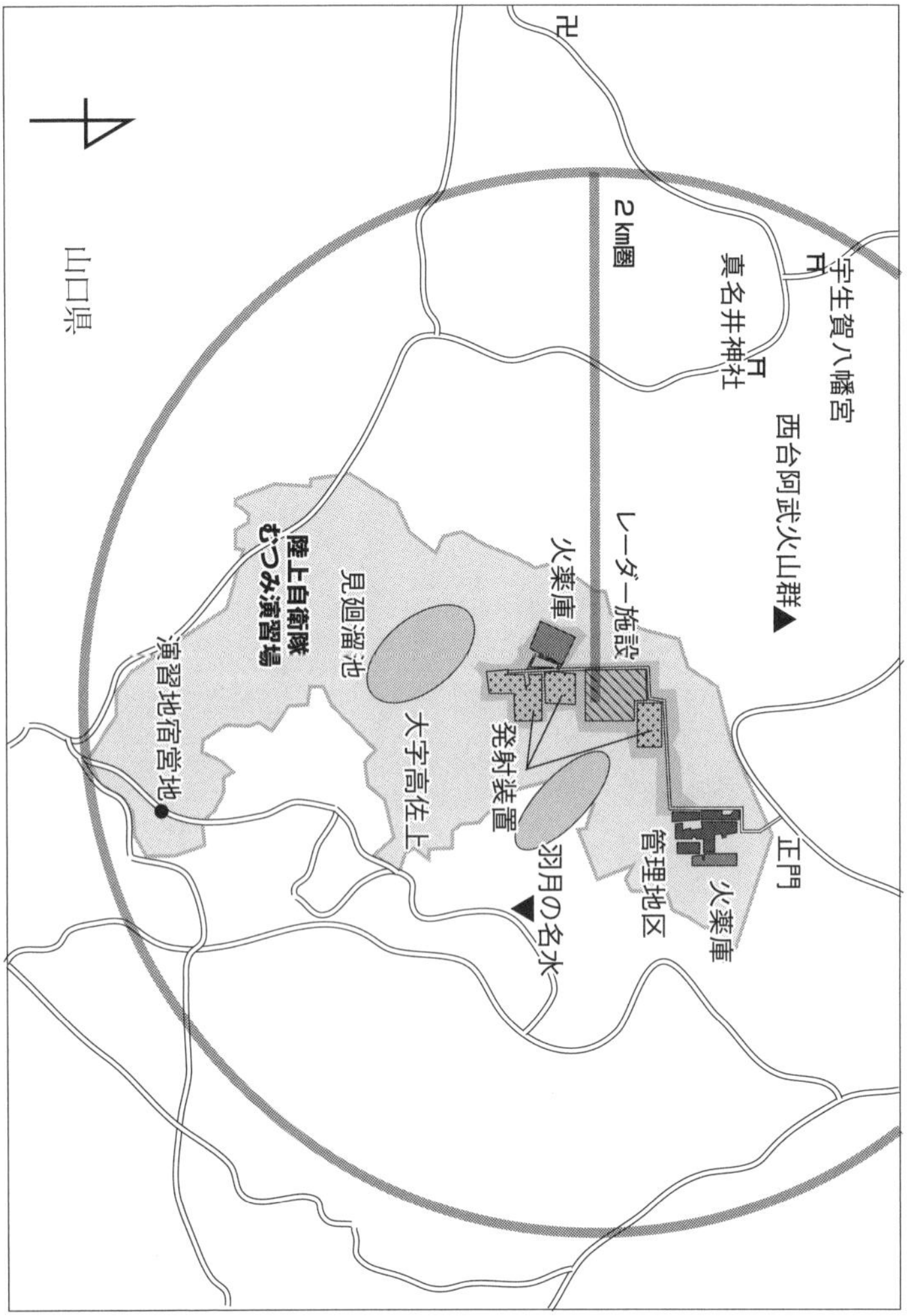

の配備である。導入の経緯を年表にしてみると、日本政府と米国の動きの一体性がわかった。

〈年表〉

２００３年12月　米国からのミサイル防衛システムの導入を閣議決定

２０１２年３月　日米でミサイル防衛のための情報を共有する「共同統合運用調整所」を設置

12月　第二次安倍政権発足

２０１３年11月　国家安全保障会議（日本版ＮＳＣ）設立

２０１４年４月　内閣人事局設立

２０１５年９月　安全保障関連法が成立

11月　米国国防権限法・議会声明で「日本政府が地上イージスを購入する決定は、緊密な同盟国との防空・ミサイル防衛能力の相互運用性と統合を促進する」と発表し、先行議論

２０１７年２月23日　自民党安全保障調査会のもとで「弾道ミサイル防衛に関する検討チーム」を発足

３月30日　自民党政務調査会が「弾道ミサイル防衛の迅速かつ抜本的な強化に関する提言」を提出。イージス・アショア導入を検討

６月23日　防衛省、イージス・アショア導入を決定

２０１７年８月17日　米・ワシントンで開かれた外務・防衛担当閣僚による日米安全保障協議委員会（２プラス２）で、小野寺五典防衛相は「イージス・アショア」を購入する方針を伝えた。背景には、トランプ大統領が唱える「バイ・アメリカン（アメリカ製品を買おう）」という主張があり、安倍晋三首相も同年二月の日米首脳会談直後の国会答弁で「米国の装備品はわが国の防衛に不可欠。結果として米国の経済や雇用にも貢献する」との持論を展開（『東京新聞』２０１７年８月19日付）

11月６日　トランプ大統領来日。共同記者会見発言「非常に重要なのは、日本が膨大な兵器を追加で買うことだ。我々は世界最高の兵器を作っている。戦闘機もミサイルもある。米国に雇用、日本に安全をもたらす」

11月16日　「イージス・アショア」配備先に、山口県萩市の陸上自衛隊むつみ演習場と秋田県秋田市の新屋演習場の二カ所を有力候補地として選び、関係する地元国会議員に同月上旬、設置の意向を伝え、協力を要請（『朝日新聞』２０１７年11月16日付）

この頃から、住民（とりわけ演習場周辺住民）の不安・不信が始まった。しかし、後述のように住民には半年以上、何の説明もなかった。

一方で、山口三区選出、萩市出身の河村建夫衆院予算委員長（当時）は二〇一七年十一月のうちに「イージス・アショアが正式決定すれば国でも地域を応援していく」と発言していた。

2017年12月19日　「弾道ミサイル防衛能力の抜本的向上について」閣議決定。イージス・アショア導入を決める

12月28日　安倍首相が首相官邸で、河村建夫議員に地上イージスの萩配備に理解を求めた

2018年1月15日　衆議院河村建夫議員の長男河村健一同議員秘書、自民党萩支部田中文夫県議会議員（河村建夫議員の弟）、西島孝一萩市議会議長（当時）、関伸久萩市議会議員らが防衛省中国四国防衛局（広島）に出向き、イージス・アショア配備を要望した

5月　米国のシンクタンク戦略国際問題研究所（CSIS）が、『太平洋の盾巨大なイージス艦としての日本列島』という論文を発表。

6月1日　防衛政務官が、秋田市、山口県・萩市・阿武町に対して、正式に配備候補地になったことを伝えた

6月18日　防衛省による住民説明会の開催が、萩市むつみ地域から始まった（十月まで四回）

10月3日　『21世紀における日米同盟の刷新』（第4次アーミテージ・ナイ報告）で、日米合同の統合任務部隊などを提案

２０１８年10月31日　米軍、相模原に米ミサイル防衛の新司令部設置

11月４日　日米が対中国共同作戦を初策定

12月18日　『防衛計画の大綱』『中期防衛力整備計画』を五年ぶりに閣議決定。安倍政権の国家安全保障局（ＮＳＳ）による初の決定。新しく導入される装備のほとんどが対中国のものである

12月　防衛省、環境調査の現地説明会開催

２０１９年１月28日　米軍が、ＨＤＲ（米本土防衛レーダー）という新型レーダーをハワイと日本への配備検討

２月26日　防衛省が『陸自対空レーダーを用いた実測調査の細部要領について』を発表

３月11日　陸自対空レーダー（中ＳＡＭ）による電波実測調査

３月20日　防衛省が「履行期限の変更」と追加調査を発表

４月26日　防衛省は、米政府とイージス・アショア二基を取得するために、本体購入費の一部として、約一三九九億円を支払う契約をした

５月28日　防衛省が住民説明会用の『説明資料』（『イージス・アショアの配備について―各種調査の結果と防衛省の検討結果について』）を発表（秋田へは前日）秋田で次々と誤りが発覚　安倍首相・岩屋防衛相などが謝罪し、再調査すると発言

2019年6月10日　中国四国防衛局むつみ現地連絡所は、正式の「住民説明会」に先行して、萩市の行政推進委員を使って「お知らせ」文を配布させ、非公開の「地区説明会」を開く

7月2日　これに対し、住民の会は緊急抗議し、萩市長も遺憾の意を表明。萩市が「行政推進員業務執行における遵守事項のお願い」を全推進員に送付し注意を喚起した

6月14日～17日　萩市・阿武町で住民説明会を開催し、五味課長が「山口県には間違いはありません」と連呼したが、直後、西台の標高に間違いがあることが発覚した

6月19日　イージス・アショア整備推進本部が初会合

6月23日　防衛省はイージス・アショアの配備受け入れ先を対象にした「新型交付金」を検討

7月10日　防衛省、イージス・アショア担当者（五味戦略企画課長他）多数が配置替・更迭（中四国防衛局も赤瀬局長他多数）

7月21日　参議院選挙・秋田でイージス・アショア反対を訴えた寺田静さんが当選

8月28日　防衛省は、『再説明に向けた今後の準備作業等について（イージス・アショアの配備関係）』で、「（標高ミスが発覚した）西台がレーダーの遮蔽

になり得るところ、西台一帯において現地測量を実施することにより、正確な標高を把握する」と発表

9月17日　米国防次官が、日本配備のイージス・アショアを攻撃性能を加えるために改良作業を進めていることを明らかにした。

10月3日　「中距離弾道ミサイルの新型基を、米国が今後二年以内に沖縄はじめ北海道を含む日本本土に大量配備する計画であることが分かった」「軍事評論家の前田哲男氏は、PAC3が既に配備されている嘉手納基地と、イージス・アショア配備予定の秋田市・新屋演習場、山口県萩市・阿武町のむつみ演習場に追加配備ないし用途変更される可能性を指摘した」（『琉球新報』2019年10月3日付）

10月5日　防衛省は、むつみ演習場北西側の西台標高について、委託調査での航空レーザ測量を開始。しかし、入札した（株）パスコは、昨年の適地調査と同じ業者でありすでに疑念が出ている

以上のような経緯からみえるのは、対米関係のために「拙速」に候補地選定をしてきた安倍政権の姿だ。

アメリカの有償軍事援助（FMS）による導入・購入が、第二次安倍政権以後急増し、防衛予算も戦後最大となった。日本は、イージス・アショア配備によって、敵基地攻撃能力をもつ、ア

ジアで初の地上イージスのミサイル基地となる。「日米一体の戦争」のための基地となる。戦後の防衛政策が一転し、「この国のかたち」が大きく変わる。

(2) イージス・アショア導入の問題点

イージス・アショアは、ハワイ・グアム・米本土防衛のためのレーダーとミサイル（フロントライン）である。日米一体で対中国・アジア戦争のためのイージス・アショア。アジアで再び日本が戦争に火をつける国になる。

防衛省の住民説明会は、萩市・阿武町議会への説明も併せ、二〇一八年六月、七月、八月の三カ月間連続で行われた。回数を重ねても、具体的な根拠に基づく説明が全くないため、住民の反対意見や不安の声はさらに増えた。

演習場のある東台は活火山であり、豊富な伏流水による湧水地が多数あり、農地に利用されているため、「適地調査」による水質・水源・水量への影響に対する住民の不安が大きくなった。

さらに、二〇一八年夏に相次いだ日本列島の甚大災害にもかかわらず、イージス・アショア購入費用が、六〇〇〇億円以上という巨額への批判が噴出した。

電磁波が、幼い子の成長過程でどんな影響を与えるのか、防衛省にはまったくデータがないことに対する不安や怒り、基地建設によってこの町が攻撃対象になるかもしれないという不安等々。しかし、防衛省の答弁は全くかみあわないものだった。にもかかわらず防衛省は、二〇一八年八月二十九日夜の阿武町第三回説明会終了直後、「適地調査」に入ることを発表した。

これに対し九月六日、山口県、萩市、阿武町の三自治体は、広島防衛局を訪れ、「適地調査」の受け入れを表明した。

二〇一八年十月、防衛省は第四回住民説明会を開き、「適地調査」が始まった。しかし、「拙速」のあまり、二〇一九年五月発表の防衛省『説明資料』は、秋田でも山口でも、数々の間違いが指摘され、全国的大問題になった。

(3)　太平洋の盾―イージス・アショアとは何か―

(1)および(2)では、イージス・アショアについてのリアルな動きを報告した。この項では、住民の会が考えているイージス・アショアとは何かについて、記しておきたい。

二〇一八年五月に、米国のシンクタンク戦略国際問題研究所（CSIS）が発表した論文では、イージス・アショアについて「太平洋の盾――巨大なイージス艦としての日本列島」と、米国本土の防衛のためであると、端的に表明している。このシンクタンクは、『アーミテージ・ナイ報告』も出している。

二〇一九年八月には、「米国がアジアに中距離ミサイル配備」という発表があった。

米本土防衛（GMD）は、アラスカとカリフォルニアに、四四発の迎撃ミサイルを配備し、レーダー網として日本配備（青森と京都）のXバンドレーダー、アラスカ配備の長距離識別レーダー（LRDR）、イージス艦という現状に加え、イージス・アショア（秋田と萩）を配備し強化しようという戦略である。イージス・アショアの新型レーダー（SSR）にはアラスカの長距離識別レーダーと同様の技術が使われることに明らかなように、ハワイ・グアム・米本土防衛が、主目的なのだ。

二〇〇九年八月の首相主催の『安全保障と防衛力に関する懇談会』報告書（四八ページ）には、「米国に向かうミサイルの迎撃」と題して、「北朝鮮の弾道ミサイルの性能が向上することにより、その射程には、日本全土に加え、グアム、ハワイなど米国の一部も含まれ、日米は共通の脅威にさらされることになる。ミサイル防衛システムは日米の緊密な連携により運用されるものであること、またグアム、ハワイ等は日本が攻撃を受けた際に米軍が来援する拠点であることから、米国に向かうミサイルを迎撃することは、日本の安全のためにも必要であり、可能な手段でこれを迎撃する必要がある。従来の集団的自衛権に関する解釈を見直し、米国に向かうミサイルの迎撃を可能とすべきである。」などと記されている。そして、二〇一四年七月一日、集団的自衛権の行使容認を閣議決定したのである。

これが、イージス・アショアの位置づけである。しかし、これまでの安倍首相の説明も、防衛省の住民説明会での説明も、このことにはふれていない。

二〇一八年は、明治維新一五〇年の年だったが、吉田松陰も幕末の志士も、現在の安倍政権のあり様を見て何と言うだろうか。それは、米国との関係である。日米一体で、対中国・アジアへの戦争を始めるのか。アジアで日本が戦争に火をつける国になるというのか。その要因に、イージス・アショアがあるとすれば、イージス・アショア配備計画の撤回を求めていくことは、日米同盟を照準にした、たたかいになる。

(4) イージス・アショアに係る巨額のFNS費用＝兵器ローン

調べれば調べるほど驚くのだが、我々年金世代の感覚にはとうてい理解できない程、安倍政権下の軍事予算がルーズ（軍事バブル）だと感じる。

以下の費用は、あくまで現時点での数字である。

●レーダー二基　種々の見積金額がある　二三五〇億円（米国の売却価格）
　二四四八億円（中期防主要装備品の単価）
　二六八〇億円（報道では）

●イージス・アショア・レーダー建設費　一〇〇〇億円

●維持・運用費（三十年間）　一九五四億円

●教育・訓練費（三十年間）　三一億円

●情報取得費（二〇一七年）　二八億円

●調査費（二〇一八年度）　七億円

●射撃試験費用　五七〇億円

●ミサイル1発＝四〇億円
ミサイル発射台（ランチャー）＝三台
ミサイル＝一台に八発

イージス・アショア＝二基　　一九二〇億円

以上の合計＝八四二九億円

未だ不明な費用は以下のようになる。

●イージス・アショアの司令部機能の費用
●イージス・アショアの技術更新費用
●格納庫、弾薬庫、施設整備費、庁舎・隊舎・警備所
●燃料代、電気料金、水道料金など
●迎撃試験を行うための「試験施設」の費用に数百億円
●レーダーとイージスの戦闘システムの「連接試験」の費用の六〇〇億円以上

(5) 住民にとってのイージス・アショア

イージス・アショア配備は地下水・水資源を破壊する

配備候補地として適地調査されている陸上自衛隊むつみ演習場（東台）は、古来より、阿武、萩の水源地で、標高五六〇ｍの萩・阿武火山群に属する、火山性溶岩台地である。二〇一八年には、近隣地域が「日本ジオパーク」に認定され、守られ、受け継がれるべきとされている。

豊かな自然が残るこの台地は、暮らしと農業を支える豊かな湧水を育む貴重な水源である。湧水＝地下水は、雨水が地中深い帯水層に相当の年数にわたって帯水したものが湧いてくる。

つまり、帯水年数＝地下水年代を測定し、年代を考慮した水質調査をしなければ、水質・水文に及ぼす影響は計測できない。

防衛省は五月二十八日発表の『説明資料』（三四頁）において、「演習場に降った雨水は、二年から九年かけて演習場外に湧水として出てきます」と記している。であるなら、イージス・アショア配備のための工事（道路工事・造成工事・土木建築工事・地下工事）による地下水への影響は、「二年から九年」後でないと判明しない。

電磁波被害

イージス・アショアのレーダーは、アメリカ・ロッキードマーティン社製のＳＳＲレーダーである。このレーダーを運用している施設はまだ世界中には無く、防衛省もＳＳＲレーダーの電磁波による環境や生体における影響、データを持っていない。

イージス艦で使われているＳＰＹ－１レーダーの出力は、無線ＬＡＮの四〇万倍であり、港湾から八〇km以内でのレーダー照射は禁止、照射中の甲板作業は禁止されている。レーダーの電磁波が強力であり、生体・環境・通信等の障害となるからだ。周辺住民がこのように強力な電磁波にさらされることは、人体実験をされるといっても過言ではない。

レーダーはサイドローブという主電波の周りに発生する電磁波にも注意しなければならない。長崎県佐世保市では、車の電子キー誤作動・停止の通報が二〇〇件以上あり、米軍基地か海上自衛隊の影響を疑われている。京都府京丹後市では、米軍レーダー基地で、レーダー停波要請への対応が遅れ、ドクターヘリの搬送が遅れた。このような、生活・生命の関わる重要な電波トラブルが懸念されている。

二〇一八年十二月十八日に閣議決定された防衛大綱・中期防衛計画では、「電磁波攻撃装備」を導入・推進するとしている。強力な電磁波で、電子機器の誤作動やレーダーの無力化、情報システムを破壊するEMP（電磁パルス）弾などが研究されている。

町が攻撃対象になる

イージス・アショアは、「迎撃・防衛のため」といわれているが、「敵基地攻撃ミサイル能力」を持つ巨大なミサイル基地になる。海上自衛隊のイージス艦は、六隻に加え、二隻の最新型新造艦によって八隻態勢となった。その上に、イージス・アショアを地上配備することは過剰な装備である。配備地は真っ先に攻撃対象の街になる。

「北朝鮮新型ミサイル」の発射はイージス・アショアの無力性を示しているという意見が増えている。サウジアラビアの石油施設を破壊した「軍事用ドローン」も各界に衝撃を与えた。さらに、北朝鮮によるSLBM発射実験は、イージス・アショアの無力性を示している。

兵器ローンは、未来からの借金

イージス・アショアは、アメリカの軍事企業ロッキードマーティン社から購入する最新型レーダーSSRと垂直式ミサイル発射装置で構成される。

装置費用として一基一三四〇億円（秋田市と萩市に各々一基ずつ。総費用は二六八〇億円）。装填されるミサイル（SM3ブロックⅡA）は一発四〇億円。数十発のミサイル購入費で約二〇〇〇億円。他に維持・運用教育費など含め総額六〇〇〇億円以上の金額になる。

　高額な価格とともに問題なのが、FMS（対外有償軍事援助）という、アメリカ政府に支払う方法だ。

図1　住民の会作成のリーフレット

価格は、見積り制・前払い・納入時には価格が高騰することが頻繁に起こる、など支払う側が不利な方法なのである。

　FMSでの調達額は、二〇一一年には、四三一億円だったが、二〇一九年予算概算要求額は六九一七億円と、八年間で一六倍に膨れ上がっている。

　一方で、社会保障費は、六年間で三兆九〇〇〇億円削減になっている。

(6) イージス・アショア賛成論に対して

自民党萩支部の国会議員・県議会議員は、安倍首相に忖度して、様々な賛成発言をおこなってきた。しかし、筋道を立てた責任のある説明ではない。安倍首相そのものも、参議院選の秋田選挙区でイージス・アショアが必要と演説すればするほど票を減らしたという。

住民の会は、賛成論に対して、『イージス・アショアとは何か』のリーフレットを作り、戸別訪問署名で配布し、新聞折り込みにして、丁寧に対応や説得をしてきた結果、自民党に投票する人たちの中から、イージス・アショアに反対する人が多数になっている。

以下、論点ごとにまとめてみた。

Q「国防のためになる」

イージス・アショアは、弾道ミサイルを宇宙空間で撃ち落とす武器で、その他の攻撃には対抗できない。日本は、イージス艦を二〇二一年には八隻態勢にすることと、全国にあるレーダー施設二八のうち、一七カ所を二〇二三年までに弾道ミサイル対応にすることで、弾道ミサイルに対する日本全域の防衛力を確保する計画であった。

中国・ロシアは、イージス・アショアでは対応できない極超音速滑空弾（M20以上）の開発を進めている。開発に五〜六年以上かかるイージス・アショアの能力（M15）は、時代遅れとなるだろう。

弾道ミサイル防衛には、イージス艦と既存レーダー基地があり地上イージスは過剰・不要なものである。
また、防衛省は住民への説明では一切ふれていないが、在日米海軍のイージス艦も一〇隻、日本列島に配備されているのである。

Q「防衛は、国の専管事項」

地方自治法では、国と地方は対等である。自治体による「平和業務」は、憲法で保障された住民の平和的生存権を遂行するためのものである。
「国の専管事項」を理由に政府が強行的に進めたり、自治体が議論や検証をないがしろにしてはならない。

Q「萩市に自衛隊員とその家族が移り住むので経済効果がある」

二〇一九年五月の住民説明会の『追加資料』には、自衛隊員の地域行事や祭りに参加している様子が写真に載せられていた。自衛隊員とその家族が基地や駐屯地に任務で来ても、それは「一時的な住民」にすぎない。地域に根差す住民、過疎の進む地域の人々が望む住民とは違うのだ。田園回帰・地域の環境をもとにした移住促進政策こそが必要なのである。基地の誘致は企業の誘致と違い、過疎問題の解決にはならない。
自衛隊員は基地任務・警備任務で配置されるのであり、軍事力であり、生産力ではない。

Q「基地で人々の暮らしは潤う」

持続可能なまちづくりになくてはならない水源地・農地を犠牲にして、国からの交付金を受けても、まちは発展しない。建設関連業のみが一時的に潤うだけで、住民全体へは還元されない。ましてや、人口減少・少子高齢化への対策にはならない。

経済効果があるから良いという考え方は、国からの僅かな交付金で、住民の分断・格差を生み、萩とその未来を崩壊させるものである。

戦後の米軍へのいわゆる「思いやり予算」、米軍再編交付金、自治体への様々な調整交付金などは、地域住民のためにはなっていない。国は、交付金を、自治体の基地協力・戦争協力のために利用してきている。地元振興になるという「アメ」をちらつかせているが、基地を受け入れるという「ムチ」に打擲《ちょうちゃく》され続けることになる。

イージス・アショア配備受け入れの「新型交付金」という記事も出てきている。自治体は、このような政策に協力・依存してはならない。電源三法による原発依存のシステムで明らかなように、住民の安全・安心の保障はない。

Q「イージス・アショア配備は国益になる」

導入予定のイージス・アショア＝ロッキードマーティン社（アメリカ）製の弾道ミサイル防衛システムは、未だ製作中といわれ、技術的に未完成であり実戦経験がないものである。

仮に導入・配備後に欠陥が見つかったとしてもリコールができない。当初、自衛隊の制服組は軍事的合理性や費用対効果の面から反対したといわれる。

国土防衛上、何の役にも立たない装備品であっても、一旦萩市に配備してしまえば、東アジアの新たな火種をつくるだけに留まらず、アメリカ本土防衛のために、日本列島を丸ごと危険に晒すことになる。

国の役割は、国民の安心・安全を築くことにあるとするならば、イージス・アショアは国益とはならないものである。まさに、「国防」ではなく「亡国」になる。

Q「攻撃対象になってもいい!?」

常に攻撃対象として、テロの脅威にさらされる。イージス・アショアを防護するために、PAC3というミサイルが配備される。宮古島のように、防衛省からの説明が無いまま危険な弾薬が置かれるかもしれない。萩・石見空港に高射砲部隊が配備され、軍民両用空港になるかもしれない。

電波障害を避けるために、近隣上空は飛行制限がかかり、ドクターヘリの飛行にも制限がかかり、船舶無線に影響が出ることも予測される。

大がかりな造成工事は、ジオパークに認定されている阿武火山群である自然を破壊し、溶岩性台地が古代より育む湧水に影響を及ぼす。豊かな自然とそれに根ざした農業、漁業、暮らしを破壊する。

立派な道路や建物が交付金で建てられても、暮らしを支える生業と家族がなければ、移住してきたい人は減り、出て行く人は増えるだろう。

Q「イージス・アショアは、日本を守るため（多少のリスクは仕方がない）」

二〇一七年、アメリカ大統領と日本の首相との会談で話に上り、そのすぐ後に、イージス・アショアの購入が閣議決定された。北朝鮮・中国・ロシアの弾道ミサイルは米本土まで届くことを計算しており、イージス・アショアは、米本土へ向かう弾道ミサイルの迎撃が目的なのである。

国民の税金を使って、アメリカを防衛する。そのために、阿武・萩のまちが犠牲を強いられていいのか。イージス・アショアは日本を犠牲にしてアメリカを守るためのものなのである。戦後体制が崩壊し、日米同盟がアメリカ本土防衛に変容する、その象徴がイージス・アショアなのだ。

(7) むつみ演習場は敵基地攻撃用のミサイル基地になる

イージス・アショアは、敵基地攻撃能力の「トマホーク武器システム（ＴＷＳ）」と、弾道ミサイル・巡航ミサイル双方の迎撃能力の「イージス武器システム（ＡＷＳ）」を併せ持つ、ミサイル基地である。

イージス・アショアについて、「地上配備型弾道ミサイル迎撃システム」と表現されている。しかし、イージス・アショアは、防衛や迎撃だけではない。セル（発射容器）にトマホークを装填すれば、強力な敵基地攻撃ミサイル基地になる。対空だけでなく、対地、対艦などのミサイルを格納できる。探知・追跡・発射まですべて自動化、数十発を同時発射する巨大なミサイル基地になる。地上型イージスなので、基地に格納するミサイルの大量化が可能になる。

さらに、防衛省が発表している「警備態勢の構築」によれば、イージス・アショアを運用・管理する弾道ミサイル防衛隊、イージス・アショアの警備部隊、陸自・空自の対空防護部隊、海自護衛艦・哨戒機部隊、軽装甲機動車部隊、短距離地対空誘導弾部隊等が配備される。

かつて萩城は、近代日本の国づくりに不要として、廃藩置県後解体された。しかし安部首相は、萩市・阿武町に、イージス・アショアという「巨大な要塞」を構築しようとしている。

2　住民の会の活動

国・防衛省は奇襲的一方的にイージス・アショア配備計画を進めることを狙っていたようだ。住民の会は、立ち遅れないように先手必勝で活動してきた。

いまだに安倍政権は配備計画を進めると発言している。安倍首相は、秋田市における選挙演説で「専門家を入れて再調査する」と発言しているが、この「再調査」をめぐって、イージス・アショア配備計画の撤回を求める住民の運動は、第二ラウンド（第二段階）に入っていると考える。昨年からの「適地調査」の報告書・データの未公表問題（防衛省のデータ隠し）と「再調査の方法」について、防衛省は説明しなければならない。

これまでの活動内容を記すことで、住民の会と防衛省の動きを確認する

〈2018年〉

1月27日　緊急講演会「健康を脅かす電磁波とは何か」会場：萩セミナーハウス一二〇人参加。講師：荻野晃也（電磁波環境研究所所長）。大雪の中、参加者達は互いに「よく来たな」と、無事やひさびさの再会を喜び合った。

2月10日　学習会「明治維新百五十年─今、なぜ？萩へイージス・アショアなのかを考える」講師：竹林史博（曹洞宗龍昌寺住職）。会場の萩・明倫学舎は、かつて明倫館として萩藩の人材育成の中枢を担い、多くの先覚が志を立てた学び舎である。以後、学習会場として継続使用している。

3月17日　学習会・討議資料『イージス・アショア学習パンフレット』を基に、活発な討議をおこなった。三三人の活発な討議に新しい情報・資料も加えて、加筆・訂正したものが『住民の会ニュース№1（学習パンフレット）イージス・アショアとは何か』というパンフレットである。A4用紙一八頁の冊子が、住民の会の理論的出発点となった。

4月28日　講演会を開催。会場：萩市むつみコミュニティーセンター。講師：荻野晃也（元京都大学工学部原子核工学教室講師）。同時に演習場を一周するフィールドワークも行った。地元中心に一二〇人以上が参加。

5月26日　学習会「イージス・アショアの基地建設は水源を破壊するのではないか」チューター：森上雅昭（住民の会）。

6月1日　防衛政務官が山口県庁で正式に説明。

6月10日　むつみ演習場隣接地区の羽月公会堂で、初めて住民懇談会。
6月15日　むつみ演習場に隣接する羽月集落住民と住民の会が初めて萩市長に申し入れ。「適地調査は水源を破壊する、配備計画設計図面の公表を求める」と、申し入れの口火をきった。
6月25日　阿武町農村センター営農研修室で初めて阿武町民対象の住民懇談会を開いた。
7月2日　阿武町宇生賀集落・萩市むつみ羽月集落住民有志と住民の会が三首長（県市町）に「入札と適地調査は、配備工事の始まりととらえ、配備計画の撤回を求める」申し入れをした。背水の陣で臨んだ申し入れだったが、これ以降申し入れが続くことになった。阿武町では花田憲彦町長自らが、申し入れに対応された。
7月5日　阿武町宇生賀農事組合法人「うもれ木の郷」女性グループ有志が「配備計画撤回」を申し入れた。
7月7日　学習会「安保関連法制とイージス・アショア」講師：立山紘毅（山口大学経済学部教授、憲法学）。四〇人参加。同時に、配備計画の撤回を求める署名開始を決定。
7月12日　阿武町福賀全一六自治会長と全四農事組合法

国道沿いの立て看板作業（2018年8月24日）

人組合長が阿武町長に「配備計画撤回」を申し入れた。

7月28日　現地懇談会「水の循環と地下水」演習場の麓の会場で開催。講師：大田啓一（滋賀県立大学名誉教授）。一二〇名以上の参加。水文学、水の年代測定、水の循環などを学び、電磁波に続く、地下水の理論と運動を開始した

8月24日　陸上自衛隊むつみ演習場に続く国道・県道九カ所に「ミサイル基地イージス・アショア配備撤回」の看板を立てた。地元有志のやむにやまれぬ意思表示としての土地提供であった。

羽月・宇生賀水めぐり平和パレード
(2018年10月28日)

9月1日　学習会「地上イージスになぜ二基六〇〇〇億円なのか？！」講師堀内隆治（元下関市立大学学長）。三〇人参加。

9月7日　署名第一次集約分一万三一四四筆を萩市に提出。

9月20日　阿武町議会において、むつみ演習場周辺一六の自治会長らが提出した「配備計画の撤回を求める請願」が全会一致で採択され、花田憲彦町長が「イージス・アショア配備は町づくりに逆行」と反対を表明した。

9月26日　萩市むつみ地区署名が過半数に達した演習場隣接地区署名は九五%以上達成。

10月20日　萩市むつみ総合事務所二階多目的ホールで、『平和のひろば』を開催。講師：三浦翠「住民運動とその力」。一二〇名以上の参加。住民の会のむしろ旗を披露。

10月28日　『羽月・宇生賀水めぐり平和パレード』開催。秋晴れの日、「羽月の名水」からスタートして、演習場までむしろ旗を掲げて歩いた。車列パレードも同時に行い、阿武町宇生賀の「親水公園」で合流し集会を開催し、二五〇人が参加。

第２回平和パレード出発前（萩市中央公園山県有朋像前2018年11月23日）

11月13日　防衛局への申し入れ：年代測定の実施を求め、阿武町宇生賀集落、萩市むつみ集落、住民の会の合同申し入れ（二回目）。申し入れ会場の萩市むつみ総合事務所二階の農事研修室には、萩市と山口県自治体関係者も同席してもらい、以後、毎月の申し入れが定例となっている。

11月23日　萩市内で『平和パレード&萩市役所前平和集会』開催萩市中央公園（山県有朋

像前）に集合し萩市民館：平和の広場までむしろ旗を掲げて、一五〇人が参加。

12月2日　旧萩市内（萩市中心部）での戸別訪問。署名を開始。

〈2019年〉

1月30日　緊急学習会講師：大田啓一、テーマ：「地下水の年代測定と電磁波の問題」。

2月3日　「むつみ演習場へのイージス・アショア配備に反対する阿武町民の会」が設立総会を開く。電磁波環境研究所所長の荻野晃也氏が「イージス・アショアの電磁波の何が問題か」と題し、記念講演。

2月20日　見廻溜池水利組合（むつみ地区）が申し入れ。

2月22日　阿武町民の会が「むつみ演習場へのイージス・アショア配備に反対する」要望書を提出。

2月23日　第3回平和パレード開催。参加者は一六〇名以上。太鼓とギターなどの音楽パレードに沿道から拍手が沸いた。

3月11日～14日　陸上自衛隊むつみ演習場で、陸自の中SAMレーダーで電波実測調査。

第３回平和パレード（萩市内、2019年2月23日）

3月18日　防衛省中国四国防衛局と萩市に対して、「むつみ演習場周辺の水・環境に関わる地元住民一同（六団体八五名発起人大田一久）」が申し入れ。

3月20日　防衛省が突然、適地調査の延長を発表。

3月30日　学習会「『陸自対空レーダーを用いた実測調査の細部要領』への批判」講師：増山博行（山口大学名誉教授・日本科学者会議山口支部代表幹事）四〇人参加。

4月20日　萩市民館小ホールで、トークと講演『イージス・アショアからみえるこの国のゆくえ』を開催。トーク：立山紘毅（山口大学経済学部教授、憲法学）、講演：望月衣塑子（東京新聞記者）。一三三〇人以上が集い、防衛省の五月発表を迎え撃つ結集を実現した。

5月8日　第二次署名提出＝萩市内五〇〇〇世帯以上を達成。

5月20日　防衛省中国四国防衛局への申し入れ（萩市むつみ総合事務所二階農事研修室）。申し入れは、「防衛省は住民と自治体に早急に『調査結果』をホームページで公表し、科学的で客観的な議論に付すよう」求める内容。その結果、5月28日午後3時頃、防衛省ホームページに、『イージス・アショアの配備について―各種調査の結果と防衛省の検討結果について―』がアップされた。

5月25日　学習会開催テーマ①「むつみ演習場が適地ではない8つの理由」、②「基地に関連する補助金・交付金について」。チューター中村光則（住民の会）＆浅井朗太（住民の会）。

5月28日　防衛省が山口県・萩市・阿武町に対し『イージス・アショアの配備について―各種調査の結果と防衛省の検討結果について―』という説明資料を示し、「イージス・アショアは、むつみ演習場において安全に配備・運用できる」と発表し、議会説明会と住民説明会を開始した。しかし、秋田だけでなく山口の『説明資料』においても、西台標高問題ではレーダーの設置地点・標高、西台の標高、仰角の設定という、配備計画において最も重要で、間違ってはいけない地点での誤りが発覚した。

6月8日　緊急学習会を開催（萩市明倫学舎）。テーマ①「防衛省の『5・28説明資料』の示すもの」講師：増山博行。②「イージス・アショア配備についての萩市・阿武町説明資料の問題点～特に地質・測量調査を中心に」講師：大田啓一。

阿武町民の会等五〇人以上が参加

6月14日～17日　防衛省住民説明会開催

6月15日　講演会『萩の街から東アジアに虹をかける』（会場：サンライフ萩）住民の会・カトリック広島教区・日本カトリック正義と平和協議会改憲対策部会の共催、イエズス会下関労働教育センター・カトリックメルセス修道会・浄土真宗念仏者九条の会山口・総がかり行動やまぐち・曹洞宗龍昌寺の協賛で開催。講師：前田哲男（軍事評論家）。梅雨入り前の大雨の中、東京・大阪・広島・山口県内各地から二一〇人が参加した。予定していた市内パレードは中止した。夜の防衛省住民説明会（むつみ会場）に、講演会参加者四〇人以上が参加し、防衛省の説明の欺瞞性を共有した。

7月27日　『適地調査の結果&防衛省の検討結果の説明』に係る学術シンポジウム』を開催（会場：萩市むつみコミュニティーセンター）。一六〇人以上が参加。コメンテーター上俊二（徳山工業高等専門学校名誉教授、地盤工学）、大田啓一（滋賀県立大学名誉教授、環境科学）君波和雄（山口大学名誉教授、地質学）。防衛省の『説明資料』を検証し、陸自むつみ演習場の東台・西台の地盤、水環境・地下水、地質について討論した。

8月5日　広島の世界平和記念聖堂において、カトリック広島司教区・平和行事実行委員会主催の「平和の糸をつむぐ」平和行事において、住民の会三人が、分科会で「イージス・アショアとは何か?」を提起。六〇人以上が参加。

9月14日　学習会：テーマ「CSIS論文に描かれているイージス・アショアの姿」チューター：浅井朗太（住民の会）。

9月22日　「佐賀空港への自衛隊オスプレイ等配備反対地域住民の会」（古賀初次会長）の勉強会に参加。「イージス・アショア配備計画の撤回を求める住民の会の

古賀初次会長（右）と握手

活動経過・現状」を報告。有明の海、萩・阿武の地下水という「命の水を子や孫につなぐ」ために、連帯して闘うことを誓った。五〇人参加。

以上のように、住民の会の活動は、

(A) 演習場周辺地区と萩市中心部の戸別訪問署名

防衛省中国四国防衛局と萩市に対しての毎月の申し入れ

(B) 地質・電波・水文環境などの専門家を講師に招いた学習会

(C) むつみ・阿武町での「水めぐりパレード」、萩市中心部での「平和パレード」、荻野晃也さん・望月衣塑子さん・前田哲男さんの講演会、

毎年十月の「平和のひろば」開催、『イージス・アショアとは何か』のリーフレット作製、住民の会ニュース『いずみ』発行、住民の会HPでの紹介など。

(A＝行動)×(B＝学習・検証)×(C＝周知活動)を展開してきた。特に、「戸別訪問署名」は住民の会を鍛え、住民の会への支持を高め、全国へのアピールになっている。

3　署名行動——七夕の誓い——

署名行動は、二〇一八年七月七日、萩・明倫学舎における住民の会・学習会で、活発な論議を経て決定した。ここでの論議は、署名用紙の宛名を自治体にするという住民の会の提案に対して、

宛名は国にすべきだという意見をめぐるものだった。

住民の会はイージス・アショア配備撤回の有志の集まりであり、政党などではないのだから、萩市に提出することで、住民と自治体が一体で、萩市から国に渡してもらおう、というのが住民の会の提案趣旨であった。住民の会の提案が支持され、まさに七夕の誓いとして、熱い思いが行動となった。

八月三十一日までを第一次集約とした署名に対し、猛暑の最中にもかかわらず、署名行動に多くの人々が参加した。

二カ月後の九月七日、「イージス・アショア配備計画の撤回を求める署名」の第一次集約、一万三二一四四筆を、萩市役所二階第一会議室において提出した。

九月二十六日、萩市むつみ地区で集まった署名が、有権者数、世帯数とも過半数になった。萩市むつみ高俣地区（高佐上、高佐下、片俣）と吉部地区（吉部上、吉部下）を一軒一軒訪ね、地元の思いを聞きながらの署名行動だった。

「人々が大切にしてきた火山の恵みの水源が、イージス・アショア配備の大規模土木工事で深刻な被害を受けることに絶対反対だ」「補償や条件交渉ではなく、切実な配備撤回の思いだ」等々の熱い声がよせられた。

この署名は、事実上の住民投票であると考える。技術的に未完成で、製作・実験段階中であるイージス・アショア（ミサイル・システム、レーダー・システム）を、強引に配備しようとする国・防衛省の姿勢に対する、住民の怒りと不信の意思表示である。

萩市役所において第二次署名提出（2019年5月8日）

羽月の名水

　地元の人達が署名集めの主体になり、演習場に近い高俣地区の署名は九五％以上だった。私たちは平和を実現するために、自分達のことは自分達で決める住民の自己決定権に基づき、署名を取り組んでいる。

　二〇一八年十二月二日から、萩市中心部の住民の皆さんの声を直接聞くため、旧萩市内での各世帯を訊ねての戸別訪問署名を始めた。「国民の税金を払い、アメリカの利益とアメリカ本土防衛だけのために、萩を亡国の街にしてはならない」「日本を平和外交のできる国にしなければならない」「日本列島のどこにもイージス・アショアを配備してはならない」「萩は必ず攻撃の的にさらされる」「これが民主主義よね」と署名しながら微笑む人等々、萩市の住民は真剣に考えていることを実感した。しかし、一方で、「萩は賛成が多い」、「演習場近くのむつみ住民の反対は一部だけ」などと地域を比較し、住民の分断を図るネガティブキャンペーンが始まり、早速、萩商工会議所が配備賛成を表明した。二〇一九年五月八日、署名の第二次提出を行った。総数は二万二〇〇〇筆以上、内、萩市での署名は五〇〇〇世帯を越えた。自治体は、この署名をうけとめ、「国と住民の調停者」ではなく、住民の自治の権利、平和的生存権の「表現者」になってほしい、と考える。

今も全国から署名が届く。二〇一九年九月三十日集約、署名総数二万四二八六筆、内、旧萩市内五三〇三世帯、山口県九一三七筆。今後も配備撤回にむけ署名活動を続けていくので、全国からのご協力をお願いしたい。

4　イージス・アショア配備計画は撤回せよ——むつみには『水の番人』がいる——

陸上自衛隊むつみ演習場の近くに「羽月の名水」がある。説明板には、「戦国武将の名馬、生月（いけづき）の出生地」と伝えられる羽月にあり、二百町歩の溶岩台地東台を大濾過層とし、こんこんと湧き出る泉は質量ともに一年中変わることのない清水で、古くから『羽月の名水』として親しまれております。湧水箇所：中橋、羽月、安附、正木、吉部市、大原、毛木、殿川、深谷、平ケ重」と、格調高い文章が記されている。

演習場には、その他、見廻り溜池、熊田溜池などが隣接している。二〇一八年一月の雪の降る日、むつみを訪れた私に、何人かの人が「イージス・アショアによる水への影響が一番心配だ。

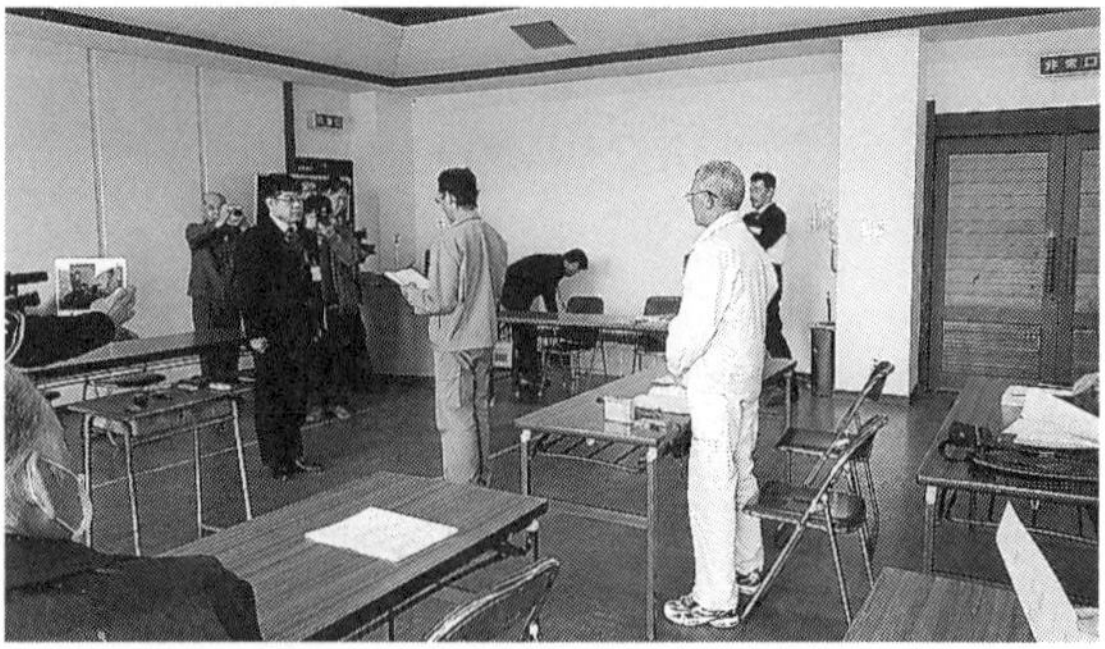

地元住民団体の申し入れ（2019年3月18日）

むつみには『水の番人』がいるので、その人に話を聞いたらいい」とアドバイスをしてくれた。

二〇一九年三月十八日、「むつみ演習場周辺の水・環境に関わる地元住民一同（六団体八五名、発起人　大田一久）」が、防衛局中国四国防衛局と萩市に対して、申し入れを行なった。

その内容は七項目あり、「むつみ演習場周辺の自然環境に影響がおよぶことを一切しないでいただきたい」と題し、

(1) 湧水の水質、湧水量に影響がおよぶことがあってはならないこと

(2) 貯水池の水質、貯水量に影響がおよぶことがあってはならないこと

(3) 湧水の池と貯水池に濁水やごみが流入することがあってはならないこと

(4) 林地に土砂の流入があってはならないこと

を申し入れた。

この申し入れを行なった六団体は、羽月湧水地元利用者（二六名）、見廻り溜池地元用水利用者（九名）、むつみ演習場隣地所有者（五名）、中郷頭首工組合（一二名）、市上水利組合（二一名）、影

原土地改良共同施工（一二名）である。

その後、五月二十日の申し入れ時には、新たに「須通り溜池関係者一同」（六名）が加わり、七団体九一名に拡がった。「申し入れ書」には全員の署名捺印があり、賛同者として私も署名捺印した。あたかも血判状を彷彿させる。この『申し入れ書』は、むつみ住民の真剣な自治の宣言であり、配備計画を拒否する宣言であった。

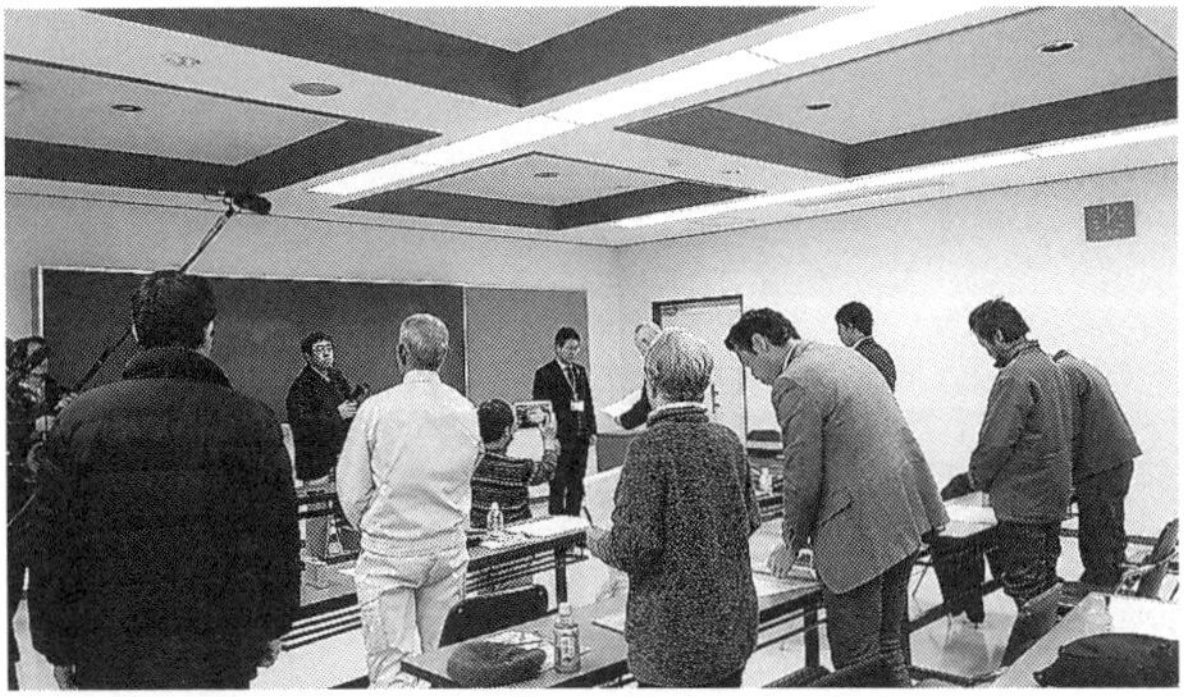

むつみ演習場周辺の水・環境に関する地元住民一同（7団体）と住民の会による申し入れ（2019年5月20日）

　すると、その二日後の二〇一九年三月二十日、防衛省は「イージス・アショアの配備に係る各種調査の履行期限変更」を急遽発表した。そして、岩屋防衛大臣（当時）は「五月中にも適地調査の結果を発表する」と発言した。

　住民の会は、二〇一八年十一月から毎月、むつみ住民の皆さんと共に、萩市むつみ総合事務所二階農事研集室において、防衛省中国四国防衛局に対する申し入れを行なってきている。

　イージス・アショアの適地調査に係る防衛省の説明は「影響が出ないようにします」（五月二十八日発表の『説

明資料』等）など、地質学、地盤工学、水文学、環境科学、電波物理学などに即さない主観的・非科学的な説明に終始している。

四月、中国四国防衛局むつみ現地連絡所に、新しく佐々木知昭（中国四国防衛局企画部次長、防衛技官）所長が着任した。当初より地元工作に動いていたようで、演習場に近い六地区を対象にした非公開の「地区説明会」を、六月十日十三時から、むつみコミュニティーセンターで開くという情報が入った。

十日当日、早速、会場玄関で緊急抗議を行い、「緊急抗議文」を読み上げ、報道陣の前で佐々木所長本人に抗議文を渡した。萩市の行政推進員を萩市に無断で使い、この説明会の案内文を配ったことに、地元住民からの抗議も行われた。さらに、萩市も七月二日、全行政推進員に対し、郵送で注意を喚起した。

しかし、佐々木現地連絡所長は、阿武町宇生賀地区へも同様の画策を始めた。この「秘密説明会」は、現地連絡所と推進派が画策したものだった。発表されていた六月十五日の住民説明会より前に、同じ会場で行い、推進派は露骨に金銭の要求をしたという。これに対して、六月二十八日午前、まず阿武町民の会が現地連絡所において抗議、午後には、住民の会がむつみ総合事務所二階農事研修室における申し入れを行ない、その場で改めて抗議した。

防衛省の六月住民説明会は、こうした波乱含みの中で、秋田の「ミス」「居眠り」などの問題に続いて、山口でも「西台の標高ミス」が露呈し、『説明資料』そのものの信用性が崩壊した。

防衛省は、六月十九日、新組織の「イージス・アショア整備推進本部」の初会合を開いた。七月十日には、これまでのイージス・アショア配備担当者の五味賢至戦略企画課長を始め、多くが配置換えとなった。五味戦略企画課長はこの一年間、住民説明会をしきってきた中心人物である。中国四国防衛局の赤瀬正洋局長も転任した。

防衛省は、三月十八日の、「むつみ演習場周辺の水・環境に関わる地元住民一同（七団体九一名）」の申し入れに、全く応えないまま、人事・体制を変えたのだ。

5　現状報告――防衛省中国四国防衛局への申し入れ――

二〇一九年七月二十一日、参議院選の秋田選挙区で、寺田静さんがイージス・アショア反対を訴え初当選されたことは、萩の私たちにとっても大きな励みとなった。

八月二十八日、防衛省は、『再説明に向けた今後の準備作業等について（イージス・アショアの配備関係）』をホームページに発表した。

同時に、森田治男防衛省中国四国防衛局長が、「再調査」に係る説明を、山口県・萩市・阿武町に始めたが、未だ適地調査の報告・データの公表は行われていない。

報道によると、防衛省は来年度予算案の概算要求でイージス・アショア敷地の造成や建屋の整備に関わる費用の要求を見送る方針を固めたという。陸上自衛隊むつみ演習場においては、九月にも外部の専門業者に委託して西台標高を調査し直し、結果がまとまるまでに二カ月かかる見通しとのことだ。

八月三十日、防衛省中国四国防衛局に対し、「むつみ演習場周辺の水・環境に関わる地元住民一同（七団体九一名、発起人大田一久）」と、住民の会の連署で「申し入れ」をおこない、主に以下のことを要求した。

(1) 山口県・萩市・阿武町説明資料『イージス・アショアの配備について』にみられる、防衛省の検討結果の根拠となるデータについて、直ちに公表すること。

(2) 演習場周辺の涌水池ならびに溜池には、現在でも降水時には演習場からの濁水が流入しているが、どのような措置を講じるのか、詳細な説明をすること。

(3) 七月二十七日の住民の会主催「適地調査の結果&防衛省の検討結果の説明」に係る学術シンポジウムにおいて、地盤工学・環境科学・地質学の専門家から出された問題点について返答すること。

九月三十日の次回申し入れ時に、これらに対する返答があった。これまでの返答は、文書ではなく、すべて口頭である。昨年は電話での返答だった。

これを、毎月の申し入れ時に前回の申し入れ項目に返答することを、定着させてきた。

防衛省は、昨年（二〇一八年）十月からの適地調査のデータを公表しないままで、再調査と再説明をするという動向がうかがえる。六月十四日、山口県知事・萩市長・阿武町長が防衛大臣宛に出した「イージス・アショアの配備に係る適地調査の結果について（第四回照会）」にたいしても、再調査を終えて、再説明の時に回答を発表するという。

これは、住民と自治体による科学的な検証作業をさせない、という「データ隠し」と言わねばならない。住民の会は、今後、地質学・地盤工学・環境科学、電波物理学、電磁波専門家の協力を得ながら、申し入れ（次頁）を通して、事実上の科学的検証作業をしていこうと考えている。

おわりに――背水の陣――

私は、昨年一月の緊急講演会の時、誰にたいしても説得できる・誰もが納得できる反対理由を示したいと思っていた。今や、それは東台（演習場）の地下水の問題である。防衛省は「地下水には影響がない」と言う。しかし、その根拠となる資料・データを、半年以上たっても未だ公表しないのである。

住民から要求した「年代測定調査」に対して、「演習場に降った雨水は、二年から九年かけて演習場外に湧水として出てきます」（防衛省『説明資料』三四頁）という一文だけが記載された。地下水への影響は数年後にならないと分からないということなのだ。

秋田でのデータ・ミスをきっかけに、今やっと、イージス・アショア配備計画に反対する世論が拡がり始めた。十一月十九日、対防衛省交渉と議員会館での院内集会が予定されている。私たちも萩からの現地報告をおこなう。

萩・阿武の演習場周辺住民が、生活権をかけて奮闘していることに対し、全国の多くの人達が、イージス・アショア配備撤回のたたかいの連帯の輪に参加いただきたいと、切に願い終章とする。

３．　３３頁「ボーリング調査により、建物の基礎を支える地盤は、地下水位よりも上層に存在することが分かりました。⇒　配備工事そのものが地下水に影響を与えることはありません。」について

①　建物を支える地盤とはどこを指すか、それが地下水位よりも上層にあるとなぜ工事の影響が地下水におよばないのかを説明すべきである。
②　ボーリングデータが無いエリアの説明を求める。「演習場内における不透水層と推察されるエリア」（３６頁）の説明を求める。
③　地下の地質を明らかにするためには、基盤に達するボーリングが複数必要。到達していないのだから、ボーリングの再調査を要求する。
④　地下水の通路となっている透水層をボーリングで確認したかを問う。
⑤　地下水を考える場合の出発点として、透水層は、どんな岩石だと考えているかを問う。
⑥　「断面図」に、透水層を入れるべきと考えるが、防衛省の見解を求める。
⑦　ボーリング調査によって明らかになった透水層、不透水層あるいは岩盤などを含む地下の構造と、ボーリング調査で入手した土のサンプルを用いた地盤の透水性のデータの公表を求める。
⑧　８月３０日の説明では、公表すべきデータを持っていないとのことだが、何故データを持っていないのかを問う。

４．　３４頁「浸透した水は、演習場の北側や西側には流れていきません」について

①　根拠（理由）の説明を求める。
②　演習場の北側で浸透した雨水が、北側に流れないとは言い切れないと考えるが、防衛省の見解を求める。

５．　イージス・アショアの場合、ドローン攻撃に対応できないシステムではないかとの懸念について、防衛省の見解を求める。

６．　次回申し入れを、１０月２９日（火）に設定する。

２０１９年9月３０日

防衛省中国四国防衛局局長　森田　治男　様

むつみ演習場周辺の水・環境に関わる地元住民一同
7団体９１名　発起人　大田　一久
イージス・アショア配備計画の撤回を求める住民の会
代表　　森上　雅昭

申し入れ

防衛省は、２０１９年８月２８日付の『再説明に向けた今後の準備作業等について（イージス・アショアの配備関係）』による「西台の標高に係る委託調査」を実施するとのことである。

しかし、２０１９年5月２８日、防衛省が発表した『イージス・アショアの配備について－各種調査の結果と防衛省の検討結果について－』に対して、看過できない重要な問題が多数あるので、以下のように頁ごとに申し入れ、その説明を求める。

１．　２頁「防衛省においては、昨年１０月から、各種調査を実施し、５月１７日までに委託業者からの成果物を受領しました。」について

→委託業者からの成果物を公開すべきである。そうでなければ、電磁波強度を測定した機種もその測定方法もわからない。
→地質・水文・測量調査については、日本地研によって行われ、２０１９年３月迄に結果が取り纏められることになっている（『第３回説明会資料』１１頁～２０頁）。

２．　３２頁「測量調査により、演習場内に高低差はあるものの、施設配置は可能なことが分かりました。」について

→施設配置図を示すべきである。

『今日の幕府も諸侯も　最早酔人なれ　扶持の術なし　草莽崛起の人を望む外頼なし　──吉田松陰』

（二〇一九年十月十六日）

＊この小論は、これまでの原稿から抜粋し、一部加筆修正のうえ構成している。詳細な情報は、住民の会のホームページを参考にしていただきたい。

＊住民の会ホームページ　noaegis2.wixsite.com/noaegis

[執筆者紹介]　（執筆順）

前田 哲男（まえだ てつお）
1938年福岡県生まれ。長崎放送記者をへてフリー・ジャーナリスト。元東京国際大学国際関係学部教授、沖縄大学客員教授。『棄民の群島』『戦略爆撃の思想』『岩波小辞典　現代の戦争』など。

纐纈　厚（こうけつ あつし）
1951年生まれ。山口大学副学長を経て明治大学特任教授。『近代日本政軍関係の研究』（岩波書店）、『侵略戦争』（筑摩書房）、『暴走する自衛隊』（同）、『崩れゆく文民統制』（緑風出版）など多数。

荻野 晃也（おぎの こうや）
1940年富山市生まれ。元京都大学工学部講師。理学博士。原子核工学･放射線計測などを専門とし原子力･電磁波問題に取り組む。「電磁波環境研究所」を主宰。『身の回りの電磁波被曝』（緑風出版、2019年）など。

横田　一（よこた はじめ）
1957年山口県生まれ。東京工業大学卒。フリージャーナリスト。政官業癒着、安倍政権と沖縄など地方の反乱ウォッチング。著書『シールズ選挙〈野党は共闘〉』『検証・小池都政』（緑風出版）他。

櫻田 憂子（さくらだ ゆうこ）
1963年秋田県生まれ。教職員組合の青年部運動、女性部運動を経験し、現在、秋田県教職員組合執行委員長、STOPイージス！秋田フォーラム代表、秋田県平和運動推進労組会議議長

森上 雅昭（もりかみ まさあき）
1952年広島県生まれ。結婚を機に、義父と畜産業。両親の介護を機に、萩市へ定住。両親を看取り、現在は妻と二人暮らし。2018年1月、『住民の会』を立ち上げ、現在イージス・アショア配備計画の撤回を求める住民の会代表。

〈連絡先〉
イージス・アショア配備計画の撤回を求める住民の会
〒758-0063　山口県萩市山田5312-39
電　話　090-1338-1841
メール　hagi-morikami@coda.ocn.ne.jp
ホームページ　noaegis2.wixsite.com/noaegis

STOPイージス！秋田フォーラム
〒010-0001　秋田県秋田市中通4丁目3-31
電　話　018-833-8354
メール　stopaegis_aki_f@yahoo.co.jp

イージス・アショアの争点《そうてん》

——隠された真相を探る——

2019年11月30日　初版第1刷発行　　定価2000円＋税

著　者　荻野晃也・前田哲男・纐纈厚・他著 ©
発行者　高須次郎
発行所　緑風出版
〒113-0033　東京都文京区本郷2-17-5　ツイン壱岐坂
［電話］03-3812-9420　［FAX］03-3812-7262［郵便振替］00100-9-30776
［E-mail］info@ryokufu.com［URL］http://www.ryokufu.com/

装　幀　斎藤あかね
制　作　R 企 画　　印　刷　中央精版印刷・巣鴨美術印刷
製　本　中央精版印刷　　用　紙　中央精版印刷　　E1500

ISBN978-4-8461-1920-1　C0031